W0255733

SCHRIFTEN AUS DEM GESAMTGEBIET DER GEWERBEHYGIENE
HERAUSGEGEBEN VON DER DEUTSCHEN GESELLSCHAFT FÜR GEWERBEHYGIENE
IN FRANKFURT A. M., PLATZ DER REPUBLIK 49
NEUE FOLGE. HEFT 26

Gewerbestaub und Lungentuberkulose

Zweiter Teil
(Zement-, Tabak- und Tonschiefer-Staub)

von

Dr. med. K. W. Jötten und **Dr. Thea Kortmann**

Professor, Direktor des Hygienischen Instituts und der Staatl. Forschungsabteilung für Gewerbehygiene in Münster i. Westf.

ehemal. Assistentin am Hygienischen Institut in Münster i. Westf.

Mit einem Beitrag

Übt das Staubstreuverfahren in den Kohlenbergwerken einen schädigenden Einfluß auf die Gesundheit der Bergleute aus?

von

Dr. G. Schulte

Leiter der Röntgenabteilung des Knappschaftskrankenhauses Recklinghausen

Mit 56 Abbildungen

Springer-Verlag Berlin Heidelberg GmbH 1929

ISBN 978-3-662-34285-5 ISBN 978-3-662-34556-6 (eBook)
DOI 10.1007/978-3-662-34556-6

Aus der Staatlichen Forschungsabteilung für Gewerbehygiene beim Hygienischen
Institut der Westfälischen Wilhelms-Universität in Münster i. W.

Vorwort.

Die Aufnahme, die unsere literarische und experimentelle Studie „Gewerbestaub und Lungentuberkulose“ in Fachkreisen gefunden hat, gibt uns Veranlassung, die Fortsetzung unserer Forschungen auf diesem Gebiete zu veröffentlichen. Auch dieses Mal war es uns möglich, die Versuchsreihen auf breiter Grundlage aufzubauen, nachdem wir die Apparatur einer weiteren Verbesserung unterzogen hatten und uns ausreichendes Tiermaterial zur Verfügung gestellt war. Unser Dank gebührt in erster Linie wieder der Notgemeinschaft der Deutschen Wissenschaft, die uns dank des wohlwollenden Entgegenkommens ihres Vorsitzenden, Herrn Staatsminister a. D. Dr. Schmidt-Ott, die Durchführung der großen Versuchsreihen und den Ausbau der Apparatur ermöglichte. Sodann hat uns auch wieder das Reichsministerium des Innern, nach Befürwortung durch den zuständigen Ministerialdirigenten, Herrn Professor Dr. Taute, mit beträchtlichen Summen zur Bestreitung entstehender Unkosten und zur Bezahlung von Hilfskräften fördernd zur Seite gestanden. Ebenso erfreulich war es, daß diese Versuche abermals durch Forschungsbeihilfen seitens des Vereins der Förderer und Freunde der Westfälischen Wilhelms-Universität und der Generaldirektion der Wickingschen Portlandzement- und Wasserkalkwerke in Münster unterstützt wurden. Allen diesen Stellen möchten wir unseren besten Dank sagen, den wir aber auch ausdehnen möchten auf die Deutsche Gesellschaft für Gewerbehygiene, die uns ihre „Schriften aus dem Gesamtgebiete der Gewerbehygiene“ in entgegenkommendster Weise zur Veröffentlichung zur Verfügung stellte.

Münster i. Westf., Mai 1929.

Die Verfasser.

Inhaltsverzeichnis.

I. Einleitung.

Der seit langen Jahren bestehende Streit über die Gutartigkeit bzw. Schädlichkeit vieler Gewerbestaubarten in ihrer Beziehung zur tuberkulösen Lungenerkrankung des Menschen hatte uns (Jötten und Arnoldi) vor mehreren Jahren veranlaßt, dem Wunsche einiger Forscher und Fachleute nachzukommen, auf tierexperimentellem Wege eine Klärung dieser Streitfragen zu versuchen. Während nämlich die medizinische Statistik eine Beantwortung dieser Frage für eine Reihe von Staubberufen möglich machte, war das bei den übrigen nicht der Fall.

Im Mittelpunkte des Interesses stand damals gerade der Porzellanstaub. Da die in der Porzellanindustrie Tätigen eine ganz erhebliche Zahl von Krankheitstagen und nicht gerade kleine Mortalitätsziffern an Tuberkulose in allen früheren Statistiken erkennen ließen, wollten Sommerfeld, Holitscher, Bogner, Thiele, Kölsch u. a. den Porzellanstaub als tuberkulosebegünstigend angesehen wissen, während das auf Grund neuerer Erhebungen, Untersuchungen und Sektionen Rössle, Vollrath, Holtzmann und Harms bezweifelten.

Ebenso bestand damals eine gewisse Unstimmigkeit bezüglich der Gefährlichkeit des Kohlenstaubes. Bekanntlich atmen die Kohlearbeiter wohl den meisten Staub ein und trotzdem werden bei ihnen fast stets niedrige Erkrankungs- und Sterbeziffern an Lungentuberkulose beobachtet. Deshalb wollten manche Autoren dem Kohlenstaub eine direkt bakterizide Wirkung zuschreiben. Andere dagegen hielten ihn nicht für vollkommen indifferent oder gar für tuberkulosehemmend, nach Ansicht z. B. von Drinker, Cesa Bianchi, Willis, Bartel und Neumann, Alling u. a. soll er vielmehr tuberkulosefördernd wirken. Derartig sich widersprechende Ansichten und Beobachtungen legten uns zunächst die Untersuchung dieser beiden Staubarten auf tierexperimentellem Wege nahe. Es konnten denn auch nach Zusammenstellung einer ausreichenden Apparatur und Bereitstellung genügenden und geeigneten Tiermaterials (Kaninchen), Versuchsergebnisse erzielt werden, die weder den Porzellanstaub noch den Kohlenstaub als vollkommen ungefährlich oder gar als tuberkulosehemmend erscheinen ließen. Durch Heranziehung weiterer Gewerbestaube, wie z. B. des notorisch schädlichen Stahlschleifstaubes und des unschädlichen Kalkstaubes ($Ca(OH)_2$), gelang es außerdem noch, eine Staubgefahrenskala aufzustellen, die sich durchaus mit den Erfahrungen früherer und neuerer Berufsstatistiken deckte (siehe Ickert).

Es erschien deshalb angezeigt, diese Versuche weiter auszudehnen und zwar zunächst mal auf den Tabakstaub, über dessen tuberkulosebefördernde Wirkung man sich auch nicht einig war. Aus fast allen statistischen Erhebungen geht die Häufigkeit der Lungentuberkulose bei den Tabakarbeitern hervor.

Diese Tatsache wurde früher fast immer auf das Zusammenwirken von Tabakosis und Tuberkelbazilleninfektion zurückgeführt. Demgegenüber scheint sich aber heute immer mehr die Ansicht durchsetzen zu wollen, daß die Beschäftigung in den Tabakbetrieben bzw. der Tabakstaub selbst viel weniger die Schuld trägt als vielmehr schlechte örtliche, persönliche und soziale Verhältnisse.

Da ich in den Porzellanstaubversuchen gezeigt hatte, daß die lungenschädigende und tuberkulosefördernde Wirkung einer zu untersuchenden Staubart besonders schön durch den Vergleich mit der einer verhältnismäßig gutartigen hervorging, so wurde neben dem Tabakstaub der Zementstaub herangezogen. Dieser gilt allgemein als fast unschädlich, zumal er über einen ganz geringen SiO_2 — dafür aber über einen hohen CaO-Gehalt verfügt. Außerdem ging aus fast allen statistischen Erhebungen die geringe Tuberkulosesterblichkeit der Zementarbeiter hervor. Schließlich erschien es uns zweckmäßig, eine Staubart mit zu diesen Vergleichsversuchen heranzuziehen, die über einen ähnlichen SiO_2-Gehalt verfügte, wie die früher ausgeprobten Porzellanstaubsorten, um feststellen zu können, ob wirklich, wie neuerdings als richtig angenommen wird, die Lungengefährlichkeit und die Tuberkuloseförderung abhängig ist von dem Gehalt der Gewerbestaubart an SiO_2.

Uns stand dazu ein Tonschieferstaub mit einer Beimengung von Sandstein mit verhältnismäßig niedrigem Ton- und ziemlich hohem SiO_2-Gehalt zur Verfügung. Seiner chemischen Zusammensetzung nach mußte er zwischen dem silikatreichen Porzellanstaub I und dem tonigeren Porzellanstaub II eingestuft werden. Diese Staubart hatte außerdem für uns noch ein besonderes Interesse, weil sie zur Gesteinstaubsicherung in einigen Bergbaubetrieben Verwendung fand.

Diese drei Staubarten haben wir in fast ebenderselben Versuchsanordnung in zahlreichen Vergleichsserien an vielen Tieren ausprobiert. Über diese Versuche wollen wir nun im folgenden ausführlich berichten. Bevor wir näher darauf eingehen, möchten wir, wie in der ersten Mitteilung zunächst die in der Literatur vorliegenden statistischen Erhebungen und früheren Erfahrungen bezüglich des Vorkommens von Staublunge und Lungentuberkulose bei den in solchen Betrieben beschäftigten Arbeitern zur Wiedergabe bringen. Außerdem sollen auch noch die von anderer Seite bereits angestellten Tierversuche besprochen werden.

II. Ergebnisse der bisherigen Forschungen.

a) Zementstaub.

Der Zementstaub wird fast durchwegs als harmlosere Staubart angesehen. K. B. Lehmann rechnet ihn zu den vorwiegend rundlichen bzw. stumpfkantigen anorganischen Staubsorten mit guter Löslichkeit in kohlesäurehaltigem Wasser.

Der fertige Zement besteht zu 62—65 vH aus CaO, zu 19—22 vH aus SiO_2, zu 7—9 vH aus Al_2O_3, zu 2—4 vH aus Fe_2O_3 und aus MgO und SO_3.

Er wird hergestellt aus Kalkstein ($CaCO_3$) und Ton ($Al_2Si_2H_2O_8$), wobei dieser letztere ein Gemenge ist von Tonerde, Kieselsäure, Eisenoxyd und Alkalien. Von diesen am wichtigsten ist die Kieselsäure, die in leicht aufschließbarem Zustande vorhanden sein muß.

Die beiden Ausgangsprodukte (Kalk und Ton) werden in der Nähe der Fabriken aus Kalksteinbrüchen gewonnen und dann einem dreifachen Verarbeitungsprozeß unterworfen: Aufbereitung der Rohprodukte, Brennen der Rohmasse und Mahlen des Klinkers zu Zement.

Die Aufbereitung erfolgt in Zerkleinerungs- und Mahlmaschinen entweder vermittels des Naß- bzw. Halbnaßverfahrens oder mittels des Trockenverfahrens, von welchem naturgemäß das letztere die größte Staubentwicklung mit sich bringt. Früher wurde die hergestellte Rohmasse getrocknet, zu Steinen verarbeitet und in Ring- oder Etagenöfen gebrannt und dann fein zermahlen. Modernerweise wird nach der Aufbereitung die Rohmasse getrocknet, gemahlen und großen Silos zugeführt und dann mit wenig Wasser vermischt entweder Drehöfen oder modernen Schachtöfen (Andreas) zugeführt, in denen der Brennprozeß mit Preßluft und Kohlenstaub vor sich geht. Der auf diese Weise gewonnene Klinker wird nach Erkalten zu Zement vermahlen, Sammelsilos zugeführt und dann, wenn nötig, in Säcke oder Holzfässer abgefüllt und verpackt.

Die Entwicklung des Zementstaubes ist besonders in den älteren Betrieben meist überaus groß. Koelsch konnte bei Staubmessungen in der Zementfabrikluft pro Kubikmeter bis zu 1720 mg in den Faßpackräumen feststellen, bei der Sackpackung 353—685 mg und an den Zementmühlen 203—520 mg, während in neueren Betrieben mit gut arbeitenden Absaugvorrichtungen die Staubwerte pro Kubikmeter Luft zwischen 42 und 450 mg schwankten. Durchschnittlich wurden in den Räumen doch noch 100—200 mg Zementstaub festgestellt.

Diese letzten Werte decken sich ungefähr mit denen von Arens, der in der Zementfabrikluft pro Kubikmeter während der Arbeit 224,0 mg und während der Arbeitspause 130,0 mg Zementstaub nachweisen konnte.

Weniger fand Hahn bei seinen Staubmessungen, nämlich an der Griffinmühle 118,0, neben dem freien Gange 32,0 und an der Kugelmühle nur 46 mg pro Kubikmeter Fabrikluft.

Noch weniger Staub ließ sich in eigenen Untersuchungen mit dem Ascherschen Apparat in einem ganz modern eingerichteten Zementwerk mit Naßverfahren (Wicking-Werke, Lengerich, Werk I) feststellen. In der Luft des Packraumes neben der Abfüllvorrichtung waren in 1 cbm 32,4 mg, neben der Zementmühle nur 10 mg und neben dem Kühlturm im Brennhaus 5 mg Staub vorhanden. Etwas höbere Staubwerte waren im Wicking-Werk II mit Trockenverfahren zu finden und zwar im Trockenhaus der Vorzerkleinerung 40 mg, im Packraum 30 mg und an der Rohmasse-Kugelmühle 350—400 mg pro Kubikmeter.

Diese hier wiedergegebenen Unterschiede in den Staubwerten beruhen einmal auf der verschiedenen Fabrikeinrichtung und dann aber sicher auf der Anwendung verschiedener Staubbestimmungsmethoden, auf deren große Bedeutung wir später noch näher einzugehen haben werden.

Diese Staubziffern lassen erkennen, daß in der Zementfabrikluft doch immerhin solche Staubmengen gefunden werden, die nach K. B. Lehmann als bedenklich anzusehen sind. Und das wird wohl auch für die meisten der nicht ganz modern eingerichteten Betriebe zutreffen, so daß es wohl häufig genug vorkommen dürfte, daß entsprechend der Annahme Overbecks ein Arbeiter mit zehnstündiger Arbeitszeit etwa 2—6 g Zementstaub pro Tag einatmet, während Beintker diese Tagesmenge bei 200 mg Staub pro Kubikmeter Fabrikluft nur auf 0,75 g schätzt.

Von diesen großen Staubmengen gelangt, worauf Schott mit Recht hinweist, der größere Teil wohl nicht bis tief in die Lungen. In den oberen Luftwegen wird nach Lehmann schon 50 vH des Staubes zurückgehalten und mit Hustenstößen wieder hinausbefördert. Mithilft hierbei eine starke Schleimbildung und Epithelabstoßung von der Luftröhrenschleimhaut infolge der Staubreizwirkung. Außerdem weiß man ja, daß viele Zementarbeiter nach Arbeitsschluß durch starkes Räuspern und Husten ihre Respirationsorgane wieder von dem eingeatmeten Staub befreien. Schließlich ist auch noch damit zu rechnen, daß ein nicht unwesentlicher Teil des Staubes mit dem Speichel verschluckt wird. Aber trotzdem wird ein nicht unbeträchtlicher Teil bis tief in die Lungenbläschen hineingelangen können.

Bezüglich der Einwirkung des eingeatmeten Staubes auf das Respirationssystem und seiner Begünstigung der Lugentuberkulose sind nun die Ansichten nicht ganz einheitlich.

So soll z. B. nach Villaret der bei der Zementfabrikation sich entwickelnde stark (?) kieselsäurehaltige Staub in seiner Gefährlichkeit anderen silikatreichen Staubarten in nichts nachstehen. Auch Sommerfeld glaubt, daß das scharf kristallinische Pulver des Zementstaubes, welches teils rundliche, teils spitze Partikelchen enthält, beim Eindringen in die Atmungsorgane wohl geeignet ist, diese erheblich zu schädigen. An eine ebensolche Schädigung glauben auch Berger und Kohors besonders mit Rücksicht auf seinen hohen Kieselsäuregehalt. Dieser letzteren Eigenschaft wird auch von Roth, Tschorn und Wetzel eine besondere Bedeutung für die Schädigung der Atmungsorgane zugeschrieben, dem auch v. Steiner und ebenso Roth beipflichten. Nach Mangelsdorf ist „der in sämtlichen Arbeitsräumen schwebende Staub einerseits morphologisch bedeutsam wegen des reichen Gehalts der Rohmasse an Silikaten, dann aber wegen der hygroskopischen Eigenschaft des gebrannten Zementes. Schon nach kurzer Zeit machen sich Reizerscheinungen der obersten Luftwege und des Auges unangenehm bemerkbar. .. Bei andauernder Einatmung sind deletäre Wirkungen insbesondere auf die Lungen unausbleiblich."

Wittgen, der die Gesundheitsverhältnisse niederschlesischer Zementarbeiter vor und nach Einführung der Entstaubungsanlagen untersucht hat, macht den Zementstaub für die hohe Erkrankungsziffer der Respirationsorgane (im Jahre 1905: 9,9 vH gegenüber 1910: 3,3 vH) verantwortlich. Wie aus seinem Bericht hervorgeht, dürfte aber der früher herrschenden Zugluft eine größere Bedeutung für das Zustandekommen der Katarrhe beizumessen sein wie der Inhalation von Zementstaub an sich.

Schließlich hält Schultze die Beschäftigung in Zementfabriken für lungenkranke und lungenschwache Personen wegen der Gefahr der Erkrankung an Tuberkulose für bedenklich. Demgegenüber wird aber von einer ganzen Reihe von Autoren die Unschädlichkeit des Zementstaubes besonders auch bezüglich der Lungentuberkulose zum Ausdruck gebracht.

Diese Unschädlichkeit soll nach Schott besonders auf der von Lehmann festgestellten Löslichkeit des Zementstaubes in kohlesäurehaltigem Wasser beruhen, womit auch von letzterem die auffallende Tatsache erklärt wird, daß man bei Sektionen in den Lungen lange Zeit in der Zementindustrie tätig gewesener Arbeiter nur äußerst geringe Mengen von Staub gefunden hat.

Weiter wird dem Quellungsvermögen des Zementes eine besonders günstige Bedeutung beigemessen (Schott) insofern nämlich, als die in den Lungenalveolen vorhandene Kohlensäure auf den gequollenen Zementstaub besser resorptiv einwirken können soll. Diese Annahme erscheint auch Deubner nicht unberechtigt. Er glaubt nämlich, „daß die bis in die Lungen der Zementarbeiter gelangten Staubteilchen unter der Einwirkung des Flimmerepithels, der alkalischen Beschaffenheit der Schleimsäfte und der Blutwärme denselben Quellungserscheinungen unterliegen, wie sie beim Schütteln in Wasser (Cabolet und Strebel) in der Flasche experimentell nachgewiesen worden sind".

Der gleichen Ansicht wie Deubner ist Pirsch, der annimmt, daß die spitzen Zementpartikelchen quellen und sich mit einer gelatinösen Schicht überziehen, so daß sie den Lungenschleimhäuten usw. nicht schädlich werden.

Auch Beintker nimmt an, daß der Staub restlos resorbiert wird, so daß Staublungen bei den Zementarbeitern nicht vorkommen. Die verhältnismäßig großen eingeatmeten Staubmengen sollen vielmehr restlos verschwinden, ohne irgendwelche oder doch kaum mechanisch reizende Wirkung zu zeigen.

Weiter sieht es Deubner als feststehend an, daß der Zementstaub mehr durch die eingeatmete Menge als durch seine Beschaffenheit wirkt. Er glaubt infolgedessen auch nicht an einen schädigenden Einfluß auf die Lungen, was auch schon von Merkel im Jahre 1882 ausgesprochen ist, der überhaupt von einer erheblichen Belästigung der Arbeiterschaft durch den Zementstaub nichts wissen will.

Auch S. Nagai und ebenso G. E. Tucker konnten in großen Untersuchungsreihen feststellen, daß die Einatmung von Zementstaub trotz der großen Staubmengen keine Prädisposition für Tuberkulose schaffte.

Engel hält gleichfalls den Zementstaub für harmlos, dem auch Pesenti beipflichtet, der ihm sogar eine direkt tuberkulosehemmende Eigenschaft zuschreibt.

Hiermit stimmt auch die Beobachtung von B. Selkirk an Kalkofen- und Zementarbeitern in der Umgebung von Edinburg überein, die fast vollkommen frei von Tuberkulose waren. Auf die Seltenheit schwerer Lungentuberkulose bei solchen Arbeitern weist ebenfalls Lehmann auf Grund eigener Untersuchungen hin. Auch wir wurden bei unseren Besichtigungen einer ganzen Reihe von Fabriken immer wieder auf die geringen Tuberkuloseerkrankungsziffern der Arbeiter hingewiesen.

Zu gleich günstigen Ergebnissen führte die Reichserhebung aus dem Jahre 1911. Es ging daraus hervor, daß wesentliche gesundheitliche Beeinträchtigungen nicht festzustellen waren, und daß die Sterblichkeits- und Krankheitsziffern bei den Zementarbeitern im Mittel nicht höher sind als bei den gewöhnlichen Handarbeitern (vergleiche die Zusammenstellungen von Pirsch, Deubner, Schalk, Kölsch, R. Fischer).

Insbesondere läßt sich keine auffallende Neigung für Erkrankungen der Atmungsorgane infolge der Staubeinatmung und auch keine besondere Disposition der Zementarbeiter für Lungentuberkulose daraus feststellen.

Nach den preußischen Berichten aus 88 Betrieben mit 18132 Arbeitern entfielen auf je 100 Personen 34,2 Krankheitsfälle überhaupt, mit 4,03 Fällen Erkrankungen der Atmungsorgane, 0,26 Fällen Erkrankungen an Lungentuberkulose. Es starben 0,55 Fälle und nur 0,07 Fälle an Lungentuberkulose.

Unterschiede kamen an den verschiedenen Ofensystemen zur Beobachtung, was aus der folgenden Tabelle gut zu ersehen ist.

Die niedrigen Ziffern für Lungenaffektionen und Lungentuberkulosen gehen auch aus den Berichten der verschiedenen Regierungsbezirke hervor (vgl. Deubner). So fanden sich in den Zementfabriken des Regierungsbezirkes Hildesheim keine schweren Schädigungen der

	Krankheitsfälle auf je 100 Personen			Todesfälle auf je 100 Personen	
	überhaupt	Atmungsorgane	Lungentuberkulose	überhaupt	Lungentuberkulose
Ringöfen	50,6	5,0	0,21	0,69	0,40
Schachtöfen	45,5	6,4	0,46	0,67	0,15
Drehöfen	34,5	3,9	0,19	0,29	0,04
Andere und gemischte Systeme	24,3	1,9	0,12	0,42	0,02

Atmungsorgane, nur in einer Fabrik war die Zahl der Lungenleiden über Durchschnitt, während in einer anderen überhaupt kein derartiger Fall vorgekommen war. Die Zahlen der Lungentuberkulose waren in Lüneburg ganz besonders gering, ebenso in Stade klein. Die Verhältnisse lagen auch in Minden nicht ungünstig; in Wiesbaden und Trier waren überhaupt keine Lungentuberkulosen bei den Zementarbeitern zur Beobachtung gekommen, während in Hannover nur ein einziger Fall gemeldet war.

Nach ärztlicher Angabe ließen in den Fabriken des Regierungsbezirkes Münster die viele Jahre tätigen Arbeiter Neigung zu entzündlichen Lungenaffektionen erkennen, Tuberkulose war aber nicht in auffallender Höhe unter ihnen zu finden.

In den Fabriken Mindens leiden die Arbeiter am meisten unter Entzündung der oberen Luftwege infolge von Erkältungen und Zementstaub. Aus dem Regierungsbezirk Potsdam wird berichtet, daß bei älteren Arbeitern infolge Zementstaubablagerung in den Lungen lediglich Atembeschwerden vorkommen, aber keine schweren Lungenleiden.

Diesen Zahlen entsprechen auch die bayerischen Ziffern, die Kölsch bekanntgegeben hat. Er hat 600 Zementarbeiter untersucht, bei denen er keine große Erkrankungshäufigkeit fand, nur bei $^1/_3$ vH der Arbeiter eine beginnende Tuberkulose und bei 15 vH = 90 Arbeitern Residuen früherer Tuberkuloseaffektionen (Lungenspitzen usw.), ohne daß die Erwerbsfähigkeit irgendwie beeinflußt war.

Besondere Beziehungen zwischen Zementarbeit und Tuberkulose konnte Kölsch nicht feststellen, er fand nämlich eine Tuberkulosemorbidität von 2,7 vH und eine Mortalität von nur 0,22 vH, während die der übrigen Arbeiterschaft 0,27 vH betrug.

Auch die Zahlen des Großherzogtums Baden aus dem Jahre 1911 bestätigen die auch sonst schon gemachte Beobachtung, daß für Erkrankungen der Atmungsorgane der Zementarbeiter eine besondere Gefahr nicht nachzuweisen ist.

Auch Schultze stellte bei 78165 Arbeitern 0,25 vH Mortalität und nur 0,06 vH Sterbefälle an Lungentuberkulose fest.

Weiter berichtet Reinh. Neumann, daß von 1000 Zementarbeitern in 10 Jahren nur 2,2 vH an Tuberkulose verstarben, von der übrigen erwerbstätigen Bevölkerung dagegen 3,05 vH.

Schließlich hat Schott in der Heidelberger Gegend (Leimen) 100 viele Jahre tätige Zementarbeiter genau und röntgenologisch durchuntersucht und bei 12 von ihnen abgeheilte Primäreffekte und zehnmal homogene Verschattungen in den Oberfeldern gefunden, die er als typisch für zirrhotische Prozesse anspricht. „Diese relativ häufig gefundenen, zirrhotisch oder kalkig geheilten tuberkulösen Veränderungen lassen seines Erachtens daran denken, daß auch die jahrelange Einatmung des Zementstaubes eine schützende Wirkung selbst bei den in der Kindheit sichtbar Infizierten haben könnte." Schott lehnt daraufhin für den Zementstaub ein dispositionelles Moment für die Neuerkrankung ab. Wie er mitteilt, berichtet der Arzt am Orte der Zementfabrik (Dr. Hack) über einen guten Gesundheitszustand der Bevölkerung und ebenso auch die Fürsorgestelle für Lungenkranke. Auch Beck, der als Otologe bei diesen Untersuchungen mitwirkte, kommt zu der Auffassung, daß der Zementstaub nicht schädlicher ist als andere Staubarten und auch gewerbehygienisch ebenso zu bewerten ist.

Diese günstigen Untersuchungsergebnisse sucht Schalk zum Teil mit der Beschäftigung ausgesucht kräftiger, gesunder Personen in der Zementindustrie zu erklären, die der schweren Arbeit besser gewachsen seien als schwächliche Personen.

Beintker dagegen führt sie auf die günstige Wirkung des Kalks und der Kieselsäure in flüssiger Form zurück. Diese letztere regt die Bindegewebswucherung an und befördert eine Ausheilung tuberkulöser Herde. Zusammen mit Kalzium soll sie entzündungswidrig wirken können.

Außerdem sieht er im Gegensatz zu Schultze auch keinen Grund, warum man Leichttuberkulöse nicht in Zementfabriken beschäftigen soll, zumal sogar an eine Heilwirkung des Zementstaubes auf die Tuberkulose zu denken ist.

In all den vorher besprochenen Arbeiten ist nur einmal eine Andeutung von der Beobachtung von Pneumonokoniosen im Anschluß an Zementstaubinhalation zu finden, nämlich in dem früher schon zitierten Bericht der Reichserhebung aus dem Regierungsbezirk Potsdam. Darin findet sich ein Hinweis, daß bei älteren Leuten der Zementstaub sich in den Lungen ablagert und Atembeschwerden hervorruft. Das dürfte aber auch bei der großen Staubentwicklung in den Betrieben nicht weiter verwunderlich sein, besonders wenn man bedenkt, daß doch ein beträchtlicher Teil des inhalierten Staubes bis in die tieferen Lungenwege eindringt. Infolgedessen konnten auch Pancoast und Pendergrass an den Lungen lange Zeit tätiger Zementarbeiter röntgenologisch entsprechende aber geringgradige Veränderungen feststellen und zwar bei 20 von 25 Untersuchten. Auch Schott fand geringe derartige pneumonokoniotische Veränderungen bei Untersuchungen von 100 Zementarbeitern des Werkes Leimen der Portland-Zementwerke Heidelberg-Mannheim-Stuttgart A.-G. Von diesen 100 Zementarbeitern ließen 79 keine pneumonokoniotischen Anzeichen erkennen, während die übrigen 21 mehr oder weniger deutlich solche aufwiesen. Mit Ausnahme von Zweien, die aber vorher schon längere Zeit in anderen Staubbetrieben tätig waren, waren alle 10 Jahre und länger im Betrieb, ja 16 sogar mehr als 20 Jahre. Derartige Veränderungen, die eine Deutung im Sinne einer Staubimprägnation zuließen, fanden sich hauptsächlich bei den Leuten (10) in den Ofenbetrieben, danach bei je 3 an der Zementmühle und im Packraum Tätigen, bei je 2 an der Rohmühle und im Steinbruch Beschäftigten und schließlich bei einem, der anderweitig in der Fabrik tätig war.

Schott hat den Eindruck, daß sich ähnlich wie bei anderen Pneumonokoniosen zwei verschiedene Erscheinungsformen unterscheiden lassen, nämlich eine hilöse und eine pulmunale Form.

Diese hauptsächlich auf Grund von Röntgenbildern und physikalischen Untersuchungsbefunden festgestellten Diagnosen konnte Schott leider nicht durch autoptische Befunde kontrollieren.

Auf die gleichzeitig von Schott fetgestellten günstigen Tuberkulosebefunde dieser 100 Arbeiter haben wir früher schon hingewiesen.

Auf Grund seiner eingehenden und sorgfältigen Untersuchungen kommt Schott zu dem Ergebnis, daß

1. jahrelange Einatmung von Zementstaub zu chronischen Katarrhen, Bronchitis und Emphysen mit Hilusveränderungen führen kann.

2. es erst nach jahrzehntelanger Fabrikarbeit eine klinisch wohl charakteristische Zementstaublunge gibt.

3. die Zementstaubpneumonokoniose harmloser ist als die Chalikose. Die Leistungsfähigkeit des Arbeiters wird in sanitär einwandfreien Fabriken nicht beeinträchtigt und seine Lebens- und Arbeitsdauer nicht herabgesetzt.

4. die Zementstaubeinatmung nicht zu Neuerkrankungen an Tuberkulose prädestiniert und einen bestehenden Tuberkuloseschutz nicht zu durchbrechen scheint.

Seine erste Arbeit schließt er mit den Worten:

„Mit Sicherheit ist auszuschließen, daß die Beschäftigung im Zementgewerbe besondere tuberkulöse Gefahren in sich birgt. Im Gegenteil verlaufen tuberkulöse Erkrankungen bei Zementarbeitern günstig."

In guter Übereinstimmung hiermit kommt auch Kaestle auf Grund von klinischen- und Röntgen-Untersuchungen an 92 männlichen Zementarbeitern zu dem Schluß, daß die Beschäftigung in der Zementfabrik nicht zu neuen Erkrankungen an Tuberkulose disponiert. Ebenso war die reine Zementkoniose seines Untersuchungsmaterials geringfügig und gutartig. Die Zementkoniose unterscheidet sich von der Silikose der Sandsteinarbeiter; die Herdschatten sind weicher, weniger schattentief, die Charakteristika der Schrotkornlunge fehlen die Koniose der Zementarbeiter. Vereinzelt fanden sich dichtere Herdchen auch hier (Abb- 9 und 10, S. 1032).

Auch hier war die mehrfach von uns betonte individuell verschiedene Koniosedisposition zu erkennen.

Die Zementkoniose gehört zu den gutartigen Koniosen. Auf Grund dieser Befunde lehnt er besondere Schutzmaßnahmen, wie er sie für die Sandstein- und Porzellanarbeiter nötig hält, für die Zementarbeiter ab.

Auch experimentell ist der Zementstaub bezüglich seiner Wirkung auf das Lungengewebe studiert worden und zwar zunächst von Lubenau, dessen Versuchsanordnung allerdings sehr angreifbar ist. Er hat viel zu wenig Versuchstiere, für Zement insgesamt nur drei Meerschweinchen, zur Inhalation herangezogen. Außerdem fehlt in seinen Protokollen auch jede Angabe über die in der Versuchsglocke vorhandene Staubmenge. Weiter hat er täglich 12 Stunden inhalieren lassen und zwar 1 Woche lang. Es handelt sich hier also um eine akute ganz intensive Bestäubung, während in der Praxis chronische Staubeinwirkungen in Frage kommen.

Die Veränderungen, die er bei den $^1/_2$ Jahr nach der Inhalation getöteten Tieren feststellt, sind Bronchitis und Blutungen in die Bronchien, mäßige interstitielle, peribronchiale und perivaskuläre Infiltration; fleckenweise starke Hyperämie; spärliche Staubzellen im Parenchym, die in den peribronchialen Lymphdrüsen innerhalb der Lunge und in den Hilusdrüsen reichlicher sind.

Bei dem nach der letzten Inhalation sofort getöteten Tier fand er neben starker eitriger Bronchitis reichliche Staubzellen und größere kantige Staubtrümmer in den Bronchien und auch im interstitiellen Gewebe reichlich Staubzellen.

Durch Vergleich mit der Wirkung anderer in der gleichen Versuchszeit ausprobierten Staubarten kommt Lubenau bezüglich des Zementstaubes zu dem Schluß, daß er in die Gruppe „weniger schädlich" hineingehört.

Viel besser angestellt sind die kürzlich veröffentlichten Kaninchenversuche Schotts, die im Zementbetriebe selbst in Leimen vorgenommen wurden.

Je zwei Kaninchen wurden 59 Tage an der Zementmühle, an der Rohmühle und im Ofenbetriebe der Inhalation ausgesetzt.

Schott konnte mit diesen seinen Experimenten zeigen, daß bei genügend langer Bestaubung der Zement bis in die feinsten Lungenwege gelangt. Der Staub zeigte ebenso wie der Kohlenstaub Arnolds eine besondere Affinität zu den lymphoiden und epithelilalen Zellen.

Frei im Lungengewebe liegender Staub kam kaum zur Beobachtung, sondern fast immer intrazellulär in den reichlich vorhandenen Phagozyten. Dieser Befund erscheint Schott prognostisch wichtig vor allem beim Vergleich mit den Silikatstaublungen, in denen Phagozytoseerscheinungen seltener sind und die Staubteilchen mehr frei im Gewebe liegen. Diese Zementstaubimprägnation wiederholte sich regelmäßig und außerdem beobachtete er bei zwei Tieren bronchopneumonische Herde, in denen Schott eine Analogie zu den chronischen lokalen Entzündungserscheinungen sieht, wie man sie bei allen Berufskoniosen des Menschen findet.

Leider fehlen diesen schönen Versuchsreihen der Praxis Nachinfektionen mit Tuberkelbazillen, die von Schott in Aussicht genommen sind

Solche Nachinfektionsversuche hat schon Cesa Bianchi an Meerschweinchen vorgenommen, die vorher 2—3 Monate lang täglich 2—4 Stunden Zement inhaliert hatten. Leider ist die Menge des Staubes nicht angegeben und zu den einzelnen Versuchsserien sind scheinbar, soweit das den nur kurz mitgeteilten Protokollen zu entnehmen ist, viel zu wenig Tiere herangezogen werden.

Cesa Bianchi kommt zu dem Ergebnis, daß der Zement in gleicher Weise wie fast alle anderen verwandten Staubarten die Entstehung einer Lungentuberkulose befördert selbst bei Anwendung von Tuberkelbazillendosen, die sonst beim unbestaubten Normal-Meerschweinchen keine Lungentuberkulose hervorrufen. Im Gegensatz zu diesen Versuchsergebnissen fand G. E. Tucker nach Zementinhalation (63 vH CaO, 23 vH SiO_2) bei Meerschweinchen keinerlei Störungen (no detrimental effect on Health).

Der Befund Cesa Bianchis steht im Gegensatz zu den Beobachtungen der Praxis, wie wohl aus der früheren Literaturzusammenstellung hervorgeht; er bedurfte deshalb dringend der Nachprüfung.

b) Tabakstaub.

Der Tabakstaub gehört bekanntlich zu den organischen Staubarten. Er besteht größtenteils aus Teilchen der Tabakpflanze und teils aus mineralischen Beimengungen, die von der Erde herrühren, auf der die Tabakpflanze gewachsen ist. Er enthält vorzugsweise Nikotin (1—5 vH), Nikotianin (harzsaures Nikotin) und Tabaköl bzw. -harze (5—10 vH) und übt, wie Kölsch mitteilt, einen mechanischen Reiz aus, „der durch kleine mit spitzen Drüsenhaaren besetzte Blatteilchen und aufgefaserte, Kalziumoxalat enthaltende Kristallsandschläuche" hervorgerufen wird. Die Staubmoleküle sind sehr vielgestaltig, bald stumpf und rund, bald eckig und spitzig. Darunter werden recht scharfkantige Zelluloseteilchen (Krüger, Rostoski und Saupe) gefunden. Im allgemeinen sollen nach Lehmann alle organischen Staubarten in den Lungen weit geringfügigere Veränderungen bedingen als der Stein- oder Metallstaub, aber doch Epithelschädigungen, die die Ansiedlung des Tuberkelbazillus unterstützen sollen, dagegen aber die Produktion indurativer, die Ausbreitung der Tuberkulose hemmender Prozesse vermissen lassen. Weiter muß bei der Beurteilung aller organischen Staube in ihrer Wirkung auf das Lungengewebe bzw. auf die Entstehung der Förderung einer Lungentuberkulose immer daran gedacht werden, daß in den in Frage kommenden Betrieben sehr häufig schwächliche Arbeitskräfte tätig sind, die entweder schon tuberkulös oder sehr wenig widerstandsfähig gegen diese Krankheit zu sein pflegen.

Der Staub in den Tabakfabriken entsteht nun bei den verschiedensten Arbeitsprozessen, so z. B. bei dem Öffnen der Tabakversandgefäße, beim Auseinandermachen der Bündel, beim Ausschütteln, beim Säubern der Tabakballen, beim Sortieren und Entrippen der Blätter, beim Zerkleinern und Mischen des Tabaks, beim Pudern der Zigarre zwecks Hellfärbung, beim Einfüllen der Einlagen in die Behälter usw. Schon das einfache Hinundhergehen in den Fabriken ruft Staubbildung hervor. Natürlich ist die Staubentwicklung je nach der Art der Tabakverarbeitung verschieden, sehr starke Staubentwicklung soll vor allem bei der Schnupftabakherstellung zu beobachten sein, besonders beim Zerschneiden, Stampfen, Zerreiben und Mahlen des Tabaks.

In diesem Zusammenhang sei auch noch darauf hingewiesen, daß das Umsetzen und Bündeln der fermentierten Tabakblätter als gefährlich anzusehen ist, weil dabei u. a. reizendes Ammoniak entsteht. Ebenso hygienisch nicht unbedenklich ist nach Holtzmann das Einatmen der Dämpfe des getrockneten Feinschnittabaks und die von vielen Seiten und oft gerügte Behandlung der Wickelspitze mit dem Munde.

Über Staubmengenbestimmungen in Tabakfabriken liegen bis jetzt nur einige Angaben vor, so z. B. von Arens (Arch. f. Hyg. 21, 325), der in einer Schnupftabakfabrik während des Mahlens 72,0 mg und vor dem Mahlen des Tabaks dagegen nur 16,0 mg Staub in je 1 cbm Fabrikluft feststellen konnte.

Hahn fand mit dem von ihm selbst konstruierten Staubbestimmungsapparat (Ges. Ing. 1908) in einer Tabakfabrik an einer Zigarettenmaschine mit Absaugevorrichtung 55 mg, bei einer solchen ohne Absaugung 122 mg, an einer Tabakschneidemaschine mit Absaugung 19 mg und ohne letztere 36 mg, und schließlich im Verpackungsraum mit Entlüftung 27 mg und ohne eine solche Einrichtung 52 mg Tabakstaub pro Kubikmeter Fabrikluft.

Und schließlich hat Heucke (Soz. Prax. Bd. 12, Nr. 30) Staubbestimmungen in Zigarrenfabriken vorgenommen, bei denen er in 1 cbm Fabrikluft 63 mg Staub feststellen konnte, dabei hat er einen Nikotingehalt von 0,56 vH gefunden. In einer zweiten Fabrik bestimmte er die Staubmenge

a) in einem Hochbau und zwar in einem Raum mit 21 Arbeitern, der aber bequem für 42 Arbeiter ausreichte.

b) in einem Shedbau in einem Abschlag, in dem die Formen gepreßt wurden,

c) in einem Hochbau in einem Tabaksortierraum, der ständig ventiliert wurde.

In etwa 3 m Höhe wurde je ein Stück Papier ausgelegt. Der darauf angesammelte Staub wurde nach mehreren Tagen sorgfältig zusammengefegt und in ein austariertes Gläschen gebracht und dann abgewogen. Auf je 1 qm wurde pro Tag an Staub errechnet ad a) 0,5630 g, ad b) 0,2317 g und ad c) 0,8181 g.

Auch wir haben in einer Tabakfabrik Staubmessungen mit dem Ascherschen Apparat angestellt und dabei folgende Werte erheben können:

1. Im Schneide-, Röst- und Siebraum mit Absaugevorrichtung 18 mg.
2. Im Tabakverpackraum (Paketierraum) (direkt neben der Maschine) 36 mg.
3. In der Zigarrenfabrik: Zurichte-, Aufschüttel- und Aufmatteraum 18 mg.

4. Im Zigarrenfabrikations-Wickelmacherraum 27 mg.

Sieht man sich alle diese verschiedenen in den verschiedensten Fabriken erhaltenen Werte an, so wird man entsprechend der von Lehmann vorgeschlagenen Abstufung die Tabakstaubmengen in den hier untersuchten Betrieben zum mindesten als unerfreulich, größtenteils aber als bedenklich zu bezeichnen haben. Dabei ist aber zu bedenken, daß die Tabakstaubteilchen zum großen Teil verhältnismäßig sehr groß sind, so daß sie gar nicht bis tief in die Lungen hineingelangen können. Aber immerhin sind die feinteiligen Staubmengen doch noch so große, daß schon im Laufe einer Tagesarbeit eine ziemliche Menge Tabakstaub die Lungenwege passieren kann.

All diese in den Tabakbetrieben beobachteten Zustände haben schon seit vielen vielen Jahrzehnten die Ärzte veranlaßt, das Arbeiten in Tabakfabriken als gesundheitsschädlich hinzustellen.

Aber bereits im Jahre 1829 haben Parent-Duchatelet und D'Arcet (Ann. d' hyg. I. Ser. Bd. 1829, 169) hiergegen Stellung genommen, und ebenso wollten auch die Ärzte der Regietabakfabriken Frankreichs keine größere Krankheitsanfälligkeit bei den Tabakarbeitern gesehen haben als bei der übrigen Arbeiterschaft.

Jedenfalls soviel ist heute sicher, daß die Krankheits- und Sterblichkeitsziffern in vielen Tabakfabriken über dem Durchschnitt liegen, besonders bei der weiblichen Arbeiterschaft und ebenso ist auch fast überall zu beobachten, daß die Tabakarbeiterschaft erhöhte Krankheits- und Sterbeziffern an Lungentuberkulose aufzuweisen hat. Worauf diese häufigen Tuberkuloseerkrankungen zurückzuführen sind, darüber herrscht noch keine Einigkeit, vor allem aber nicht darüber, ob hierbei dem Tabakstaub eine besondere Bedeutung zugesprochen werden muß oder nicht.

Auch das steht heute schon fest, daß der Tabakstaub die oberen Luftwege und die Bronchien reizt und zu Katarrhen besonders im Anfang der Fabriktätigkeit Veranlassung gibt, ob es aber zu Lungenverdichtungen zur sogenannten Pneumonokoniose im Anschluß an Tabakstaubinhalation kommt, darüber sind gerade in letzter Zeit von den verschiedensten Seiten Zweifel geäußert worden. Von einer Tabakstaubpneumonokoniose glaubte man im Anschluß an einen Bericht von Zenker auf der 40. Versammlung Deutscher Naturforscher und Ärzte im September 1865 zu Hannover sprechen zu können. Er hatte nämlich bei Sektionen zweier Arbeiterinnen aus einer Tabakfabrik eigentümliche braune Flecken im Lungengewebe und in den Bronchialdrüsen neben hochgradigen atrophischen Zuständen der Lungen gefunden. Die braunen Flecken lagen meist an den atrophischen Stellen, an welchen das Gewebe auf ein grobmaschiges spinnwebenzartes Netzwerk reduziert war (siehe Merkel). Diese Veränderungen sollten durch die Tabakstaubinhalation hervorgerufen worden sein.

Zenker hat selbst nie von einer Pneumonokoniose gesprochen, aber trotzdem wurde die „Tabakosis Zenkers" von vielen Autoren als solche angesprochen. Diesen Befund hat aber Zenker nie wieder erheben können.

Auch nicht Merkel, der wiederholt Lungen schwindsüchtiger Tabakarbeiter seziert hat, aber mikroskopisch höchstens „braune feine Moleküle" im Lungengewebe fand. Sie waren aber nie so massenhaft vorhanden, wie man sie sonst bei Staubeinlagerungen findet. Nach Merkels Ansicht waren sie „einfache chronisch pneumonische bronchitische und tuberkulöse Prozesse".

In letzter Zeit fand nun Rößle bei der Sektion von 11 Zigarrenarbeitern zweimal Pneumonokoniosen, die aber nicht mit Sicherheit als Folge der Tabakstaubinhalation angesprochen werden konnten.

Hierher gehört auch wohl noch der als Tabakpneumonokoniose beschriebene Fall von Palitzsch, der dann schließlich an einer schweren Lungentuberkulose verstorben ist (Z. f. Gewerbehyg. 1921, Oktoberheft).

Bei Röntgendurchleuchtungen der Tabakarbeiterlungen ergaben sich in dieser Hinsicht auch größtenteils negative Befunde. So konnten z. B. v. Müller und Berghaus keine röntgenologisch feststellbaren Veränderungen beobachten, die auf die Tabakstaubeinatmung zurückzuführen gewesen wären, und ebensowenig gelang es E. v. Müller allein in der Tuberkulosefürsorgestelle Schwetzingen röntgenologisch sichtbare, bleibende, durch diesen Staub bedingte Veränderungen bei Arbeitern zu erheben; selbst nicht einmal bei solchen Personen, die 46 Jahre und länger mit der Tabakverarbeitung beschäftigt waren. Nach v. MüllersAnsicht gibt es infolgedessen keine ausgesprochene Tabaklunge. Sie nimmt vielmehr an, daß dieser Staub bald resorbiert wird, nachdem er als Reiz auf die Schleimhäute gewirkt und so das Entstehen von Katarrhen bewirkt hat.

Dem entspricht auch der Bericht von Klehmet, der für die Verhältnisse der hannoverschen Tabak- und Wollindustrie ausdrücklich die große Seltenheit solcher Lungenveränderungen betont.

Aus letzter Zeit liegen dann noch diesbezügliche Untersuchungsergebnisse von Krüger, Rostoski und Saupe an einer größeren Reihe von Tabakarbeitern aus der Dresdener Zigarettenindustrie vor. Unter 111 Arbeitern konnten vier gefunden werden, bei denen die Lungenröntgenplatte das Vorhandensein einer Pneumonokoniose sicher macht. Von diesen vier Leuten waren zwei früher in einer Goldschlägerei, einer in einem Steingutbetrieb und einer in der Metallindustrie tätig gewesen, welcher Beschäftigung sie ihre Staublungen verdankten. Dann waren noch 18 Leute unter den Untersuchten, die den Gedanken „an leichte und leichteste Formen von Pneumonokoniose" nahelegten. Auf Grund der Röntgenbilder konnte aber eine Diagnose mit Sicherheit nicht gestellt werden, zumal es in der Zigarettenindustrie überhaupt sehr schwer ist, den Tabakstaub für das Zustandekommen einer Staublunge allein verantwortlich zu machen, da gelegentlich Bronzestaub in geringen Mengen mit beigemischt sein kann.

Auch aus den Befunden dieser drei Autoren geht wieder hervor, daß eine ausgesprochene Pneumonokoniose, wie man sie in anderen Staubbetrieben des häufigeren findet, nicht zur Beobachtung gelangte. Das würde auch der Ansicht einer ganzen Reihe von Forschern widersprechen. Der Tabakstaub gehört zu den organischen Staubarten, und von diesen letzteren nimmt man an, daß sie keine Staublungen hervorrufen können. Werden trotzdem Staublungen beobachtet, so muß daran gedacht werden, daß dem organischen anorganischer Staub beigemischt war, der die Staublungen bedingt hat. Diese Ansicht wird neuestens von Ickert vertreten, nachdem das früher von Collis, Greenhorn, Landis und Schmidt auch schon betont war.

Aus den bisher vorliegenden Veröffentlichungen zieht Ickert den Schluß: „Organischer Staub (ohne Vermischung mit anorganischem) ist nicht imstande, Pneumonokoniose zu verursachen."

Für die Richtigkeit dieser Ansicht sprechen außer den soeben erwähnten Autoren auch die Untersuchungen von Schilling an Baumwollarbeitern, von Landis an 50 Sektionen bei Textilarbeitern, von Gade an Holzarbeitern und ja auch die 4 von Krüger, Rostoski und Saupe unter allen ihren Arbeitern allein festgestellten Pneumonokoniosefälle, bei denen die Staublunge wahrscheinlich auf ihre frühere Tätigkeit in anderen anorganischen Staubbetrieben zurückzuführen war.

Gegen den Satz Ickerts könnten eventuell die Tierexperimente Lubenaus ausgewertet werden, der viele organische Staubarten wie Tabak, Holz, Elfenbein, Hanf, Horn, Getreidemühlenstaub, Leder, Papier, Filz usw. zur Inhalation heranzog. Wie bei der Besprechung des Zementstaubes auch schon erwähnt, entsprechen diese Versuche aber gar nicht den Verhältnissen der Wirklichkeit. Sie sind mit viel zu viel Staubarten an viel zu wenig Versuchstieren (für Tabak nur zwei [!] Tiere) angestellt worden, und ebenso ist auch die übrige Versuchsanordnung nicht einwandfrei (siehe Zement).

Auf Grund dieser Literaturbesprechung möchten auch wir bezüglich des Vorkommens einer ausgesprochenen Tabakstaublunge recht skeptisch sein.

Viel mehr Einigkeit besteht unter den Autoren bezüglich der Häufigkeit der Lungentuberkulose bei den Tabakarbeitern. Die meisten Erfahrungen und Zahlen liegen in dieser Hinsicht aus Baden vor, von wo von Holtzmann für die Jahre 1870—1905 aus dem Landbezirk Heidelberg die Tuberkulosetodesfälle für die Orte mit und ohne Zigarrenindustrie zusammengestellt sind.

Der Durchschnitt der Tuberkulosemortalität betrug für ganz Baden 2,6 vT, für den Landbezirk Heidelberg 3,1 vT und für die Orte mit Zigarrenindustrie 3,97 vT, in einzelnen Orten bis zu 5,1 vT, während sie für die Orte mit anderer Industrie nur 2,42 vT ausmachte. Ja, die Ortschaften mit rein landwirtschaftlicher Bevölkerung hatten nur eine Tuberkulosesterblichkeit von 1,2—1,8 vT.

Für den Amtsbezirk Wiesloch führt Wörishoffer unter allen Todesfällen 14 vH an Tuberkulose auf. Die Tuberkulosemortalität der Gesamteinwohner war 0,38 vH, die der Zigarrenarbeiter dagegen 0,86 vH.

Vor dem 40. Lebensjahr starben Zigarrenarbeiter nach Schellenberg (1887—1893) 1,7—2,35 vH an Lungentuberkulose, in Baden allgemein nur 0,27—0,29 vH, außerdem betrugen bei allen Krankenkassenmitgliedern die Krankheitstage durchschnittlich 9,4, die der Zigarrenarbeiter aber 20,1—28,6 Tage.

Stephani fand in einzelnen Orten Badens (mit viel Zigarrenarbeitern) für die Jahre 1898—1900 2,21 vH Tuberkuloseerkrankungsfälle unter den versicherten Zigarrenarbeitern, während bei der anderen Arbeiterschaft nur 0,16 vH festzustellen war.

Walther berichtet über das Verhältnis der Tuberkulosetodesfälle der Tabakarbeiter zu der der übrigen Bevölkerung, das sich wie 1 : 2 verhielte; demgegenüber verhielte sich aber die Zigarrenarbeiterzahl zur übrigen Einwohnerzahl wie 1 : 6. Demnach ist also auch nach ihm mit einer größeren Tuberkulosehäufigkeit unter der Tabakarbeiterschaft zu rechnen.

Recht interessant sind auch die Mitteilungen Brauers, der unter 10 751 Patienten der Heidelberger Poliklinik 376 Zigarrenarbeiter beobachtete, von denen 25,5 vH an Tuberkulose erkrankt waren, während unter der übrigen Klientel nur 13,1 vH aufzufinden waren. Außerdem sollen nach seinen weiteren Angaben 3,7 vH aller Zigarrenarbeiter (Kassenmitglieder) an Tuberkulose leiden.

Für das Jahr 1900 fand Klehe im Bruchsaler Kreis eine allgemeine Tuberkulosemortalität von 2,6 vT, bei den Zigarrenarbeitern eine solche von 7,4 vT, für die Jahre 1906—1912 bei Nichtzigarrenarbeitern 1,8 vT und bei den mit der Zigarrenherstellung Beschäftigten 5,6 vT.

Und schließlich teilt Holtzmann aus der jüngsten Zeit in den Berichten des Gewerbeaufsichtsamtes Karlsruhe aus dem Jahre 1925 bezüglich der Todesfälle an Lungentuberkulose bei Leuten unter 30 Jahren mit, daß solche sich bei 3,7 vH der Zigarrenarbeiter gegenüber nur 1,7 vH bei der übrigen Bevölkerung ereignet haben. Aus den beigegebenen Arztberichten geht hervor, daß sich bei den untersuchten Tabakarbeitern 10—20 vH von der Regel abweichende Lungenbefunde ergeben hatten.

Diesen badischen Befunden entsprechen auch die Ergebnisse der Leipziger Ortskrankenkassenstatistik, nach der die Krankheitstage der Tabak- und Zigarrenarbeiter um 10 vH, und die der 25—34 Jahre alten sogar um etwa 20 vH erhöht sind. Bei diesen letzteren waren auch die Tuberkuloseerkrankungstage dreimal so hoch wie die der übrigen Krankenkassenmitglieder. Außerdem gab es bei der Tabakarbeitergruppe Tuberkulosetodesziffern, die die des Durchschnitts um das $2^1/_2$fache übertrafen. Bedeutend niedrigere Ziffern stammen von Mangelsdorf bzw. Sommerfeld, die für je 10 000 Lebende in Tabakbetrieben nur 8,47 Todesfälle an Tuberkulose annehmen, während z. B. von L. Greenburg für amerikanische Zigarren- und Tabakbetriebe im Jahre 1900 47,69 vZT Tuberkulosetodesfälle für die Altersklassen über 10 Jahre angegeben werden. Auch die Zahlen von Kölsch (Bayern 1908) für die weiblichen Zigarrenarbeiterinnen müssen demgegenüber klein erscheinen, der bei diesen nur 1,38 vT, bei den Mägden und Köchinnen dagegen 13,86 vT Tuberkulosetodesfälle aufführt.

Ebenso fand Rochs die Phthise bei 120 Arbeitern der Ermelerschen Fabrik in Berlin nur selten und gleichfalls bei österreichischen Tabakarbeitern Jehle, unter denen nur 0,94 vH an Tuberkulose erkrankt sein sollen, gegenüber 1,0 vH bei der übrigen Arbeiterschaft. Vielleicht ist dieses abnorm günstige Ergebnis auf die von Jehle besonders betonte gute soziale Lage der Tabakarbeiterschaft zurückzuführen, da die sonst aus Österreich bekannt gewordenen Zahlen nicht von denen deutscher Erhebungen abweichen, wie es z. B. aus denen Rosenfelds an 35 000 Arbeitern hervorgeht. Von allen Fabrikarbeitern Österreichs starben 1890 43,9 vZT an Tuberkulose, von den Tabakarbeitern dagegen 82,1 vT. Diese hohe Ziffer wird wohl bedingt durch die große Beteiligung des weiblichen Geschlechts (90,4 vH), das nach Prinzing unter der Tabakarbeiterschaft und besonders vor dem 40. Lebensjahre sehr große Sterbeziffern aufzuweisen hat, zumal es meist dem schwächsten Teile der Bevölkerung entstammen soll.

Außerdem erkrankten nach Rosenfeld von allen Fabrikarbeitern 1,25 vH an Tuberkulose.

Weiter liegen aus dem Jahre 1907 entsprechende Berichte aus den österreichischen Tabakmonopolbetrieben an 38 662 Arbeitskräften mit 4640 Männern vor, von denen 30 vH erkrankten, während von den Frauen sogar 45,9 vH krank wurden. Als häufigste Todesursache wird auch hier wieder die Tuberkulose angeführt, an der rund die Hälfte starben.

Diese Zahlen sollen aber zu dieser Zeit nach Roth schon gar nicht mehr so hoch gewesen sein wie früher, nachdem in den staatlichen Tabakfabriken Entstäubungsanlagen eingeführt worden waren. Infolgedessen seien im Jahre 1906 auf je 100 Tabakarbeiter beiderlei Geschlechts nur noch 56,6 Erkrankungen gekommen, gegenüber 48,8 bei allen Angehörigen der österreichischen Krankenkassen. Auch Thiele will nicht so hohe Tuberkuloseziffern für die Mindener Tabakindustriekreise zugeben, zumal er nur eine wenig höhere Tuberkulosesterblichkeit von 20,28 vZT gegenüber 19,34 vZT aus Kreisen mitteilt, die keine derartige Industrie aufzuweisen haben. Der Unterschied wurde aber doch deutlicher, wenn er die Zigarrenindustriekreise mit den reinen Landkreisen verglich. Diese letzteren hatten in den Jahren 1904—1909 eine Tuberkulosemortalität von 18,2 vZT, während die Tabakkreise eine solche von 22,74 vZT aufwiesen.

Thiele bringt auch entsprechende Zahlen aus der Zigarettenindustrie Dresdens, in der die weiblichen Arbeiter ebenso wie die übrigen Arbeiterinnen die gleiche Tuberkulosemortalität von 1,8 vH hatten. Die Männer dagegen ließen pro 100 Erkrankte bei den Tabakarbeitern 3,3 vH und bei allen Kassenmitgliedern nur 2,4 vH eine Tuberkuloseerkrankung erkennen.

Auch in einer Erhebung aus jüngster Zeit wurden aus der Dresdner Zigarettenindustrie von Krüger, Rostoski und Saupe ziemlich entsprechende Untersuchungsergebnisse mitgeteilt. Bei 111 Zigarettenarbeitern wurde einmal eine in Vernarbung begriffene Tuberkulose und 28 mal Spitzenveränderungen (neunmal Zeichen eines alten tuberkulösen Primäraffektes) erhoben. Mithin war die tuberkulöse Durchseuchung an sich sehr erheblich. Es wurden aber überwiegend inaktive tuberkulöse Prozesse und kein einziger offener Tuberkulosefall gefunden.

Überblickt man diese Ergebnisse, so wird man wohl eine besonders hohe Beteiligung der Tabakarbeiter an der Tuderkulose nicht von der Hand weisen können, besonders wenn man, wie Thiele es tut, die Beteiligungsziffern mit denen anderer ihnen ziemlich gleich stehender Gruppen, wie z. B. mit der der Buchdrucker (auch schwächliche Personen) vergleicht. Diese letzteren hatten im Kreise Merseburg eine Tuberkuloseerkrankungsziffer von 1,33 vH, die Tabakarbeiter des gleichen Kreises aber 2,45 vH. Besonders deutlich geht das ebenfalls aus der Statistik von L. Greenburg hervor und auch aus der von Peterson, der die Phthiseerkrankungshäufigkeit bei den Zigarrenmachern ebenso hoch (40—50 vH) fand wie z. B. bei den Steinmetzen und Steinschneidern.

Die Verhältnisse scheinen aber bei den in der Zigarettenindustrie Tätigen etwas besser zu liegen.

Das häufige Vorkommen der Lungenschwindsucht unter den Tabakarbeitern hat schon vielfach zur Frage Anlaß gegeben, ob zwischen dieser häufig beobachteten Erkrankung und der Beschäftigung in den Tabakbetrieben ein ursächlicher Zusammenhang besteht oder nicht.

Der erste, der sich wohl intensiver mit dieser Frage beschäftigt hat, ist Wörishoffer. Auf Grund des Studiums der badischen Verhältnisse und der Berichte vieler dortiger Kassenärzte kommt er zu dem Schluß, daß für das häufige Vorkommen der Phthise bei diesen Arbeitern sicherlich direkte Schädigungen durch die Zigarrenarbeit in Frage kommen, daneben aber noch eine ganze Reihe von Hilfsursachen Berücksichtigung finden müssen, als da sind: unzureichende Ernährung, sitzende Lebensweise, schlechte Wohnungen usw. Interessant sind in dieser sorgfältigen Veröffentlichung die Mitteilungen der Ärzte, von denen einzelne z. B. ausdrücklich feststellen, daß unter den Zigarrenarbeitern eine besondere Prädisposition für Erkrankungen der Atmungsorgane besonders bei den jugendlichen Arbeitern ganz vorwiegend verbreitet sei. Während von vielen Kassenärzten ein direkter schädlicher Einfluß dieser Fabriktätigkeit und des Fabrikstaubes auf das Lungengewebe angenommen wird, lehnen andere diesen unmittelbaren Einfluß der Beschäftigung für das Zustandekommen der Schwindsucht ab und sehen vielmehr die ursächlichen Momente

1. in der in der betreffenden Gegend vorhandenen Disposition zur Tuberkulose, 2. in dem Einverleiben des Nikotins und der unzweckmäßigen Lebensweise, die beide tuberkulosebefördernd wirken, 3. in dem Rauchen im jugendlichen Alter von 15—16 Jahren, 4. in der Bleichsucht der jugendlichen Arbeiterinnen, 5. in dem schon frühzeitg entwickelten Geschlechtsleben, 6. in dem großen Alkoholkonsum und 7. in den schlechten Ernährungsverhältnissen.

Schließlich weist dann noch ein Kassenarzt auf das Alter der tuberkulösen Tabakarbeiter hin. Sie werden meist zwischen dem 15. und 25. Lebensjahr von Tuberkulose befallen. Wenn aber ein Zigarrenarbeiter das Alter von 25—30 Jahren erreicht, so bleibt er meist von dieser Krankheit verschont. Ist aber ein Körper nicht genügend widerstandsfähig, so stirbt er schon in den ersten 10 Jahren seiner Tätigkeit an Tuberkulose. Im 15.—20. Lebensjahr sollen im allgemeinen die hereditär belasteten und in schlechten häuslichen Verhältnissen lebenden Zigarrenarbeiter sterben, die unter besseren hygienischen Zuständen lebenden dagegen erst zwischen dem 20.—30. Lebensjahre und ebenso auch die nicht hereditär belasteten mit schlechten häuslichen Verhältnissen (ungesunde Wohnung, ungenügende Kost usw.).

Weiter wird dann auch auf die höhere Zahl von Todesfällen unter der weiblichen Arbeiterschaft hingewiesen und besonders auf die große Zahl von noch nicht arbeitsunfähigen Phthisikern, die nicht von der Beschäftigung ausgeschlossen werden können und massenhaft Auswurf ins „Taschentuch oder auf den Boden oder vielleicht gar dem Nachbarn auf die Kleider" entleeren. „Die Sputa trocknen ein, werden fein verteilt in Staubform der Luft beigemengt und von den Mitarbeitern zu ihrem Verderben eingeatmet."

Man sieht schon aus diesen Ausführungen, eine wie große Bedeutung den sozialhygienischen Verhältnissen der Tabakarbeiterschaft für das Zustandekommen der Lungenschwindsucht beigemessen wird, worauf auch schon viel früher von Hirt hingewiesen wird. Hirt betont nämlich ausdrücklich, daß schlechte Tuberkuloseziffern bei den Tabakarbeitern nur dann gefunden werden, wenn sie unter besonders ungünstigen sonstigen hygienischen Bedingungen leben müssen.

Auf diese weist auch Schellenberg als ursächlich in Betracht kommend hin, daneben betont er aber auch, daß die Beschäftigung in Zigarrenfabriken fördernd auf eine vorhandene Disposition zur Lungentuberkulose einwirken soll. Außerdem weist er noch besonders darauf hin, daß in den Zigarrenfabriken durch die Anwesenheit selbst nur weniger Phthisiker in den Betrieben die Möglichkeit der Übertragung der Tuberkulose recht groß ist.

Auch L. Brauer sieht in der Tabakfabrikation selbst ein tuberkulosebeförderndes Moment, zumal ein Parallelgehen von Anwachsen der Zigarrenindustrie in Baden und Tuberkulosezunahme unter den badischen Zigarrenarbeitern festzustellen ist. Die höchsten Tuberkuloseziffern fand er in den Bezirken mit vorwiegend landwirtschaftlichen Gemeinden und viel Zigarrenfabrikation und sonst wenig Industrie. Er schreibt der Tabakstaubinhalation eine schädigende Wirkung insofern zu, als der eingeatmete Staub in Verbindung mit den flüchtigen zum Husten reizenden Stoffen weniger eine direkte Lungenveränderung (Tabakosis) bedingt, als vielmehr eine Beeinträchtigung der oberen Luftwege. Darauf ist es seines Erachtens zurückzuführen, daß der Tabakarbeiter häufig an chronischen, zur Schleimhautatrophie führenden Nasen- und Kehlkopfkatarrhen und an chronischen trockenen Bronchialkatarrhen leidet. Nach Brauers Ansicht außerordentlich wichtige Faktoren für die Ausbreitung der Phthise. Weiter schreibt er der schlechten Körperhaltung bei der Arbeit, den durch die Beschäftigung bedingten, bei der Arbeiterschaft häufig beobachteten dyspeptischen Erscheinungen und der Inhalation mit Tuberkelbazillen beladenen Arbeitsmaterials und der Möglichkeit der Tröpfcheninfektion innerhalb der Arbeitsräume eine größere Bedeutung zu.

Weitere Berücksichtigung haben nach seiner Ansicht in dieser Hinsicht dann die schlechten Lohnverhältnisse, die Mitarbeit der Frauen und Kinder und vor allem die überwiegende Frauenbetätigung in der Tabakindustrie mit ihren Folgen für Haushalt, Angehörige usw., eventuell die Heimarbeit mit allen ihren Schädlichkeiten, das innige Zusammenarbeiten beider Geschlechter, der frühzeitige Geschlechtsverkehr usw. zu finden.

Schließlich bezweifelt er, daß die Zigarrenindustrie in Orten läge, die von jeher Tuberkuloseherde gewesen seien, und daß unter der vorwiegend die Zigarrenfabrikation bevölkernden Altersklasse (15—30 Jahre) die Tuberkulose überhaupt häufiger vorkäme, und daß die leichte Arbeit in diesen Fabriken vorwiegend die Schwachen und Krüppel heranziehe.

Diese von L. Brauer vertretenen Anschauungen haben nun keineswegs allseitige Zustimmung gefunden.

Beipflichten tut ihm W. Hoffmann, der auch ein Parallelgehen von Tuberkulose- und Tabakindustrieverbreitung in den badischen Bezirken feststellen kann. Wenn auch eine augenfällige Schädlichkeit des Arbeitsmaterials nicht ersichtlich ist, so trägt doch die Art der Erledigung der Arbeit und der Mangel der Verhütung der Infektionsgefahr an den Arbeitsplätzen Schuld an dem Auftreten der Schwindsucht; außerdem spielen Faktoren, die aus der Zusammensetzung der Bevölkerung resultieren und vielleicht auch eine bestimmte Rassendisposition eine große Rolle.

Auch Roth und Mangelsdorf schließen sich L. Brauer an, indem sie annehmen, daß der Tabakstaub und die durch ihn in Nase, Kehlkopf und Bronchien bedingten Veränderungen den Boden bereiten, auf dem sich die Tuberkulose entwickelt, und außerdem geben die engen Arbeitsstätten, die Wohnungen usw. reichlich Gelegenheit zur Aufnahme des Tuberkelbazillus.

Und schließlich ist hier noch Stephani zu erwähnen, der für die Richtigkeit der Brauerschen Ansichten statistische Erhebungen mitteilt, aus denen die größere Tuberkulosebelastung der Zigarrenarbeiter durch Vergleich mit den entsprechenden Ziffern der anderen in den Krankenkassen versicherten Arbeiter derselben Orte hervorgeht.

Im Gegensatz zu Brauer hat schon früher Merkel weniger das schädigende Moment in den Tabakbetrieben selbst sehen wollen als vielmehr in den schlechten hygienischen Verhältnissen dieser Industriearbeiterschaft und in dem Publikum, daß die Tabakfabriken aufsucht und nirgendwo anders sonst unterkommt. Außerdem sind hauptsächlich junge Mädchen beschäftigt, deren Lohn- und Lebensverhältnisse äußerst kümmerlich sind, und die außerdem noch einen recht unsoliden Lebenswandel führen.

Ungefähr derselben Ansicht ist auch Walther auf Grund seiner Erfahrungen in Ettenheim. Er bestreitet auch das Parallelgehen von

Tuberkuloseverbreitung und Tabakfabrikation. In seinem Bezirk hat die Zahl der in dem letzteren Beruf beschäftigten Arbeiter im Zeitraum von 1888—1898 ums Doppelte zugenommen, nicht aber die Tuberkulose, die bei stabiler Bevölkerungsziffer gleich geblieben ist. Er macht hauptsächlich das jugendliche Alter der größtenteils aus den ärmeren Volksklassen stammenden Arbeiter für das Auftreten der Tuberkulose verantwortlich. Dem Tabakstaub schreibt er eine reizende und für eine schon bestehende Lungentuberkulose nicht günstige Wirkung zu, während frisch eingeatmete Tuberkelbazillen durch ihn in den meisten Fällen eventuell abgetötet werden sollen.

Daß die Tuberkulosesterblichkeit nicht der Verbreitung der Zigarrenindustrie entsprechend zunimmt, hat auch Thiele für die Verhältnisse des Regierungsbezirkes Minden feststellen können, was vor allem aus dem Vergleich der Landgemeinden des Tabakkreises Herford mit denen des industrielosen Kreises Lübbecke recht deutlich wird; hier betrug die Tuberkuloseziffer 23,4 vZT für die Jahre 1904—1909, gegenüber nur 22,6 vZT für die Herforder Landgemeinden.

Der Einfluß der Tabakarbeit ist daher nicht zu überschätzen. Seines Erachtens sind „die meisten Tuberkuloseerkrankungen der Zigarrenarbeiter Badens und Westfalens durch dieselben Ursachen wie bei der übrigen Bevölkerung hervorgerufen. Als solche seien genannt: schlechte Wohnungen, Zusammenschlafen mit Kranken in einem Bett, Fehlen der Desinfektion der Wohnungen nach dem Umzug Tuberkulöser, Unsauberkeit, Inzucht, Alkoholismus und vielleicht auch Rassendisposition.

Der kleinere Teil der Tabakarbeitertuberkulose muß den direkten Schädlichkeiten der Arbeit und der zum Teil innig mit derselben verbundenen Erwerbsverhältnisse (niedriger Lohn, schlechte Ernährung, Magenstörungen, Anämie, schlechte Körperhaltung, Frauen-, Kinder-, Hausarbeit, zu lang ausgedehnte Arbeitszeit) zugeschoben werden. Eine weitere Ausdehnung der Krankheit ist ferner noch dadurch ermöglicht, daß in den ärmlichen und schon an und für sich tuberkulosereichen Gegenden Westfalens und Badens sowie der Pfalz schon vorher kranke Elemente in größerer Zahl in die Arbeit hineinkommen und bei der Zusammenarbeit für ihre Mitarbeiter zahlreiche Infektionsquellen abgeben."

Außerdem glaubt Thiele, daß Brauer mit Unrecht den Zustrom vorwiegend der Schwachen und Krüppel zur Tabakindustrie in Abrede stellt. Er hat in Übereinstimmung mit Wörishoffer das Gegenteil beobachtet. „Was für die Landarbeit zu schwach ist, kommt immer in erster Linie in die Zigarrenfabriken. In den Augen kräftiger Arbeiter gilt die Zigarrenarbeit, welche keine Muskelanstrengung erfordert und viel von Frauen ausgeführt wird, doch vielfach als minderwertig, der Landarbeiter sieht häufig auf den Zigarrenarbeiter in gewisser Weise herab."

Viel früher hatte schon Rochs auf die Minderwertigkeit des Arbeitermaterials und ihrer unzweckmäßigen Lebensweise als Grund für die Häufigkeit der Lungentuberkulose hingewiesen, während er der Arbeit an sich keine nennenswerten gesundheitlichen Schädigungen beimaß.

Recht interssant sind auch die Beobachtungen Dörners in den zwei badischen Amtsbezirken Kehl und Schwetzingen, von denen Kehl fast reine Landwirtschaft mit langsam sich entwickelnder Industrie, aber ohne Tabakbetriebe aufzuweisen hat, während in Schwetzingen sich immer mehr der Einfluß der Industrie und vor allem der Zigarrenfabriken geltend gemacht hat. Die Tuberkulosesterblichkeit war in Kehl 1,94 vT gegenüber 3,57 vT in Schwetzingen.

Als Gründe für diese erhöhten Tuberkuloseziffern in Schwetzingen führt er an: gebückte Haltung bei der Arbeit, Mangel frischer Luft, Vorhandensein vieler krüppelhafter und kranker Personen, die ohne Anstand fortbleiben können, wenn sie sich mal nicht wohlfühlen. Den Hauptgrund sieht er aber in der stärkeren Überanstrengung der weiblichen Arbeitskräfte und der dadurch bedingten Übersterblichkeit der Frau. Diese letztere tritt besonders im erwebsfähigen Alter von 20—30 Jahren deutlich in die Erscheinung und wird überall dort gefunden, wo ungünstige Tuberkuloseziffern überhaupt zur Beobachtung gelangen. Die Arbeitskräfte der Frau werden eben infolge Arbeitsmangels der übrigen Familienmitglieder und schlechter wirtschaftlicher Verhältnisse häufig zu sehr überlastet, und dasselbe gilt seines Erachtens auch für die Beschäftigung vieler jugendlicher Arbeiter, besonders solcher weiblichen Geschlechts. Dazu müssen dann noch die weiblichen Arbeiter die Hausarbeit und womöglich noch landwirtschaftliche Arbeit im Sommer erledigen. Alles dies untergräbt die Widerstandskraft des Körpers, sodaß die schon seit der Kindheit im Körper vorhandenen Tuberkelbazillen leichter pathogen werden können.

Diese höhere Beteiligung der Frau an den Lungentuberkuloseziffern hat auch Holtzmann in Erhebungen aus 1149 badischen Betrieben mit 8030 männlichen und 32 187 weiblichen Arbeitern feststellen können; im erwerbstätigen Alter war die Mortalität der Frau dreimal höher als die der Männer. Den Grund hierfür sieht er nicht in der spezifischen Arbeitsschädigung, sondern vielmehr in der Fabrikarbeit der Frau überhaupt, die dazu noch die Führung des Haushalts, das Kochen, die Aufzucht der Kinder usw. zu erledigen hat, während der Mann meist in einer anderen Industrie beschäftigt ist. Diese Beobachtungen waren nicht allein in der Tabakindustrie zu machen, sondern auch in der Textil- und Schmuckwarenfabrikation, in der die Frau auch stark beschäftigt wird.

Sodann berichtet Holtzmann über die Tuberkulosestatistik Badens, die bis zum Jahre 1852 zurückreicht und im Gegensatz zur Brauerschen Ansicht an den Orten der Tabakindustrie auch schon früher vor Einführung der Zigarrenfabriken hohe Tuberkuloseziffern erkennen läßt. Die Tuberkulosesterblichkeit hat er überall dort hoch gefunden, wo die Wohnverhältnisse schlecht waren und ein Zusammenschlafen von Kindern mit Erwachsenen häufig stattfand usw. Weiter liegt die Zigarrenindustrie meist abseits vom Verkehr, infolgedessen kommt Inzucht vor, wodurch sich die Tuberkulose immer mehr ausgebreitet hat.

Bei Tabakarbeitern in je einem Tabakort des badischen Ober- und Unterlandes gaben 10—20 vH der Untersuchten einen anormalen Lungenbefund, der als Krankheitsbereitschaft für die tuberkulöse Infektion angesprochen wurde. Diese kranken Leute entstammten größtenteils Familien, die schon tuberkulös durchseucht waren.

Als Grund für dieses häufige Auftreten unter der Zigarrenarbeiterschaft werden von den Ortsärzten die schlechten wirtschaftlichen und sozialen Verhältnisse, Vernachlässigung des Hauswesens infolge Frauenarbeit und wieder die Schleimhäute reizende Tabakatmosphäre, das verhältnismäßig nahe Gegenübersitzen, sodaß Gelegenheit zur Tröpfcheninfektion durch offentuberkulöse Arbeiter gegeben ist, dann die schlechte Durchlüftung der Arbeitsräume aus Furcht vor Zugluft, die übertriebene Beheizung, sodaß der Arbeiter sehr überempfindlich gegen Abkühlung wird, verantwortlich gemacht.

Sodann weist Holtzmann auch noch auf den Einfluß der in den letzten Jahren glücklicherweise seltener werdenden Tabakheimarbeit hin, bei welcher die Arbeit unter viel unhygienischeren Bedingungen erledigt wird.

Ebenso wie Holtzmann wollen wir Bittmann sprechen lassen, der die badische Hausindustrie eingehend studiert hat:

„Der häufig gefundene Mangel an Reinlichkeit und guter Luft hängt mit den dürftigen Wohnungsverhältnissen auf das engste zusammen. Die Zweizimmerwohnung ist vorherrschend. In der Mehrzahl der Fälle sind die Räume klein und niedrig, auch schlecht belichtet. Besondere Räume, die lediglich zur Arbeit benutzt werden, sind selten. Gewöhnlich spielt sich im Arbeitsraum das ganze häusliche Leben ab. Häufig dient der Arbeitsraum zugleich als Schlafstätte der Familie. Wo das Schlafzimmer gesondert ist, wird die Verbindungstür zum Wohn- und Arbeitsraum geöffnet, um bei der Arbeit mehr Luft zu haben. Die vielfach bis tief in die Nacht ausgedehnten Arbeitsstunden der Heimarbeiter und die weitverbreitete Gewohnheit, nach Beendigung der Fabrikarbeiten auch daheim tätig zu sein, erhöht in den häuslichen Tabakbetrieben die für die Arbeiter und deren Angehörige bestehenden Gesundheitsgefahren. Die Überhitzung der Zimmer, der Mangel an Lüftung und die starke Ausdünstung des Tabaks wirken Tag und Nacht zusammen. Bei der Ripperei liegt der Tabak in großen Mengen auf dem schmutzigen Fußboden herum. Kinder jeden Alters halten sich im Raum auf. Das Vesperbrot wird während der Arbeit verzehrt. Besondere Arbeitstische für die Zigarrenmacher sind selten; zumeist wird auf dem Familientisch gearbeitet, auf dem sich häufig sonstige Gegenstände, Eßwaren, Trinkgefäße, schmutzige Kleider und Wäschestücke u. dgl. finden. In einer solchen Atmosphäre können die kleinen Kinder nicht gedeihen.“

Daß hier natürlich die Tuberkulose eine gute Brutstätte finden kann, ist selbstverständlich. Etwas besser sind die Zustände aber doch dank des Einsetzens der Tuberkulosefürsorge in den letzten Jahren schon geworden.

Darüber berichtet E. v. Müller, die auf Grund der schon früher angezogenen Untersuchungen in der Tuberkulosefürsorgestelle Schwetzingen abgesehen von der schleimhautreizenden Wirkung zu der Überzeugung von der Unschädlichkeit des Tabakstaubes kommt. Sie fand außerordentlich viel Tuberkulöse unter den Schwetzinger Zigarrenarbeitern, trotzdem konnte auch sie seit Einsetzen der Tabakarbeit in der Schwetzinger Gegend (1880) keinen Anstieg der Tuberkulosezahlen feststellen; in anderen Gegenden (Altlußheim) sah sie sogar eine Abnahme der Sterblichkeit auftreten, trotzdem die Prozentziffer der Tabakarbeiter von 4,6 auf 14,1 vH zunahm.

Als Hauptursache der auch in Schwetzingen oft vorkommenden Lungentuberkulose der Zigarrenarbeiter sieht sie die schlechten sozialen Verhältnisse, weniger den Tabakstaub und die Tabakverarbeitung an. Hiergegen spricht auch die häufige Feststellung von alten inaktiven spezifischen Prozessen bei den Fürsorglingen aus der Tabakindustrie. Das Vorhandensein vorzugsweise solcher inaktiver Prozesse dürfte jedenfalls gegen eine schlechte Beeinflussung sprechen. Eine gelegentliche Tuberkuloseansteckung durch Staubinfektion kommt ihres Erachtens auch in der Tabakfabrik vor, besonders wenn man bedenkt, daß schwere Offentuberkulosefälle in den Betrieben lange tätig sein können. Aber mit Recht weist E. v. Müller darauf hin, daß solche Vorkommnisse sich nicht nur in der Tabakfabrik und auch nicht häufiger ereignen als in anderen Staubbetrieben, in denen auch Tuberkulöse beschäftigt sind.

Viel größeren Wert legt sie auf die schlechten wirtschaftlichen und sozialen Zustände. In einer zweiten ausführlicheren Veröffentlichung von E. v. Müller und Berghaus wird dasselbe nochmals zum Ausdruck gebracht.

Grünbaum fand in Übereinstimmung mit Dresel neben einer großen Tuberkulosesterblichkeit auch eine hohe Säuglingsmortalität, die er beide auf die schlechten wirtschaftlichen Verhältnisse zurückführt. Beide Zahlen gehen parallel, und das ist besonders ausgesprochen in Tabakortschaften. Die dadurch bedingte unglückliche Ausnahmestellung der Tabakorte erschweren ihm, dem Sozialarzt, der Tabakindustrie ursächlich die Entlastung zu erteilen, wie es die Autoren der letzten Jahre getan haben. Schließlich wirft er zum Schluß noch die Frage auf, ob die Tabakindustrie sich deshalb in besonders armen Gegenden ansiedelt, weil schlechte wirtschaftliche Lage der Bevölkerung ihr die Möglichkeit gibt, mit niederen Löhnen und billigen Arbeitskräften zu arbeiten.

Auch in der Zigarettenindustrie Dresdens wollen Krüger, Rostoski und Saupe die recht erhebliche tuberkulöse Durchseuchung nicht ohne weiteres auf die tuberkulosebegünstigende Wirkung des Tabakstaubes zurückführen, um so weniger, als sie genau wie E. v. Müller und Berghaus ganz überwiegend inaktive tuberkulöse Prozesse vorgefunden haben. Auch sie glauben, im Gegensatz zu L. Brauer, daß es sich auch in der Zigarettenindustrie „um ein körperlich durchschnittlich unterwertiges Menschenmaterial“ handelt, das die im Vergleich mit anderen Berufen verhältnismäßig leichtere Arbeit in der Zigarettenfabrik wählt; dafür sprechen alle körperlichen Befunde, unter den röntgenologisch namentlich die überaus häufigen Skoliosen der verschiedensten Grade“.

Mit dem stimmt auch schließlich die von Dresel in seinem neuen Lehrbuch der Hygiene vertretene Ansicht überein, der annimmt, daß die häufige Lungentuberkulose bei den Tabakarbeitern eine Folge erhöhter Exposition ist, eben weil viele Tuberkulöse sich zur Tabakarbeit drängen.

Überblickt man diese Literaturübersicht, so wird man feststellen müssen, daß früher mehr der Tabakindustrie und speziell dem Tabakstaub die Schuld für das Zustandekommen der bei den Tabakarbeitern häufig gefundenen Lungentuberkulose beigemessen wurde, während man heute mehr und mehr in den schlechten wirtschaftlichen und sozialen Verhältnissen, der erhöhten Frauenarbeit und dem in der Tabakindustrie tätigen schwächlichen und geschwächten und zum Teil schon tuberkuloseinfizierten Menschenmaterial die Ursache sehen will.

c) Der Tonschieferstaub.

Der Tonschieferstaub stammt von festen, nicht zerreiblichen gut geschichteten oder auch geschieferten, daher vorzüglich blättrigen Gesteinen von meistens geringer Härte (Rosenbusch-Osann).

Diese bestehen aus Quarz, Glimmer (Muskovitreihe), chloritischem Mineral, Rutil, Turmalin und Eisenerzen usw. Chemisch findet man meist 52—62 vH SiO_2, 15—25 vH Al_2O_3, 1—5 vH Fe_2O_3, 1—6 vH FeO, 2—5 vH MgO und nur wenig CaO (0,2—2 vH). Der wichtigste Bestandteil, der Quarzgehalt, schwankt in sehr weiten Grenzen und kann bis zu dem der Arkosesandsteine steigen.

Der Tonschiefer gehört zu der zu den Siliciolithen gehörenden Gruppe der Phyllite. Je nach dem Material spricht man von Ton-, Glimmer-, Chlorit- oder Graphitschiefer. Bei allen diesen Schieferarten handelt es sich um ein sehr kieselsäurehaltiges Gemenge, dessen Staub aus harten, scharfkantigen spitzigen und eckigen Teilchen besteht (Villaret, siehe Albrecht). Er dürfte nach der Einteilung K. B. Lehmanns zu den anorganischen mittelspitzigen Staubarten mittelharter Konsistenz zu rechnen sein.

Der Inhalation derartigen Staubes ausgesetzt sind die Schieferbrecher, die Griffelmacher, die Dach- und Tafelschieferarbeiter und neuerdings alle die Arbeiter, die mit der sogenannten Gesteinstaubsicherung gegen die Ausbreitung von Explosionen in Bergbaubetrieben zu tun haben. Als solche kommen einmal die in Frage, die den Tonschiefer in den Zechen gewinnen. Weiter sind es diejenigen, die in den Tonschiefermühlenbetrieben den ganz fein ausgemahlenen flugfähigen Tonschieferstaub herstellen müssen, und schließlich solche, denen die Beschickung der Gesteinstaubsperren und die Einstaubung der Zechen obliegt. Am meisten dem Staub ausgesetzt sind die Tonschiefermühlenarbeiter. Bei dieserBeschäftigung kommt es zur gleichen Staubentwicklung, wie wir sie früher bei den Zementbetrieben kennengelernt haben, wovon wir uns gelegentlich von Besichtigungen solcher Anlagen selbst überzeugen konnten. Neben den Kollergängen, Kugelmühlen oder anderen Mahlvorrichtungen konnten wir mit dem Ascherschen Staubbestimmungsapparat in je 1 cbm Mühlenluft gelegentlich etwa 200—250 mg Staub feststellen. Wie diese Staubatmosphäre auf die Lungen der Arbeiter bzw. die Häufigkeit der Staublungen und der Staublungentuberkulose unter ihnen sich auswirkt, darüber war in der uns zugängigen Literatur noch nichts zu finden. Das ist auch nicht weiter verwunderlich, da Erfahrungen, die man in dieser Hinsicht in derartigen Betrieben eventuell machen könnte, wegen des erst kurze Zeit im deutschen Bergbau eingeführten Gesteinstaubverfahrens noch nicht vorliegen.

Nur Schlattmann teilt mit, daß in der englischen Praxis, wo dieses neue Verfahren schon längere Zeit (über 15 Jahre) in Anwendung ist, nichts beobachtet wurde, was auf eine gesundheitsschädliche Wirkung von Gesteinstaub aus weichem Material schließen lassen kann (siehe auch weiter unten den Beitrag von Dr. Schulte). Außerdem wird auch zur Einstaubung nicht überall nur Tonschieferstaub herangezogen, sondern, wie man es den Ausführungen von Schlattmann und vor allem von Beyer entnehmen kann, noch Lehm, Flugasche, Gips, Kreide, feiner Sand, Kalkstaub, Abfälle aus Bergwerken, Diatomeenpanzerchen, Kieselgur, vulkanische Asche und andere unbrennbare Stoffe.

An den Staub werden folgende Anforderungen gestellt: 1. große Feinheit (er muß restlos durch das Drahtnetz der Grubenlampe gehen und so gesiebt sein, das 50 Gewichtsprozent durch ein feines Drahtnetz gehen, das auf den Kubikzentimeter 6400 Maschen hat), 2. gute Flugfähigkeit, 3. Freisein von brennbaren Stoffen, 4. keine Neigung zum Zusammenballen und 5. soll er nicht gesundheitsschädlich wirken können.

Aber schon ein Blick auf die Zusammenstellung der verschiedenen Staubsorten lehrt, daß die Staubwirkung nicht die gleiche sein kann. In der Hauptsache wird sie davon abhängig sein, wieviel freie Kieselsäure (SiO_2) in der gewählten Staubart enthalten ist, deren überragende Bedeutung für das Zustandekommen der Staublungentuberkulose wir schon in unserer ersten Veröffentlichung (Jötten und Arnoldi) haben dartun können.

Den dort gemachten Ausführungen über SiO_2-haltige Staubarten in ihrer Wirkung auf das Zustandekommen der Staublunge und Staublungentuberkulose ist hier nichts weiter hinzuzufügen.

Die sonst mit der Schiefergewinnung und -bearbeitung beschäftigten Arbeiter lassen im großen und ganzen erhöhte Krankheits- und Sterbeziffern an Tuberkulose erkennen.

Bei den Griffelmachern in Steinach und Haselbach konnte Sommerfeld für die Jahre 1845—1895 73,76 vH aller Todesfälle auf Erkrankungen der Atmungsorgane zurückführen, von denen 64,23 vH durch Tuberkulose verursacht waren. Ihr durchschnittliches Lebensalter (über 20 Jahre) war gegenüber dem Durchschnittsalter aller Männer (50,7) und dem der Kaufleute, Beamten usw. (55 Jahre) nicht unwesentlich verkürzt; es betrug nur 45,7 Jahre. Dagegen betrug nach Roth die Tuberkulosesterblichkeit der Dach- und Tafelschieferarbeiter nur 43,1 vH.

Für die Jahre 1924—1925 berichtet B. Chajes über die Ortskrankenkassenziffern von Steinach i. Thür. Sowohl die Durchschnittserkrankungsziffern wie die an Tuberkulose waren bei den Schieferarbeitern höher als bei den übrigen Mitgliedern.

Auch die Ziffern bezüglich der Tuberkulosesterblichkeit der Schieferbrucharbeiter sind erhöht, was aus den Erhebungen von Collis, die er für die Sterblichkeit in den verschiedensten Berufen für die Jahre 1910—1912 angestellt und die er mit der Durchschnittssterblichkeit für alle Arbeiter und Invaliden verglichen hat, hervorgeht. Die Tuberkulosemortalität der englischen Schieferbrucharbeiter war danach etwa 55 vH höher als die aller Arbeiter und Invaliden (220 : 142). Wesentlich höher waren die Tuberkuloseziffern bei den Bleibergleuten (335), bei den Sandsteinmetzen (415) und bei den Zinnbergleuten (684). Diese Erhebungen stimmen auch gut überein mit Prinzings Standardsterblichkeitszahlen für England für die Jahre 1910—1912, der eine Lungentuberkulosesterblichkeit für alle Männer von 2,0 errechnet gegenüber 3,10 bei den mit der Schiefergewinnung und -verarbeitung Beschäftigten. Auch in dieser Statistik lassen die bei der Sandsteingewinnung und -verarbeitung Tätigen noch wesentlich mehr Tuberkulosetodesfälle feststellen (5,85). Demgegenüber finden sich aber in der interessanten Zusammenstellung von Teleky (Bericht über die Ergebnisse der Staubuntersuchungen in England, seinen Dominions und Amerika) Zahlen von Jones verhältnismäßig niedrige Phthisesterblichkeitsziffern für die Arbeiter, die in Schieferbrüchen hauptsächlich aluminium-silikathaltiges Material verarbeiten; sie haben nur 1,8 vT Sterbefälle an Tuberkulose und 15,4 vH Phthise unter allen Todesfällen aufzuweisen. Dies wird besonders deutlich, wenn man sie mit den anderen in den Tabellen 4, 5 und 6 Telekys aufgeführten Arbeitern vergleicht.

Im Gegensatz hierzu haben aber, wie Smith und Collis für die Jahre 1905—1912 mitteilen, die Arbeiter von Kidwelly, die Quarzsteine und anderes feuerfestes Material herstellen, also ein Gemisch von Ton und Quarz zu verarbeiten haben, eine erhöhte Tuberkulosemortalität von 37,5 vT, während die englischen Männer nur 2,1 vT aufzuweisen hatten.

Wird aber zur Herstellung der Steine mehr Ton und weniger Quarz verwandt, wie z. B. in Stirlingshire und Elland (siehe bei Teleky), so werden die Tuberkuloseziffern wesentlich bessere. Es waren dort von 1891—1913 nur 4,5 vH Todesfälle an Lungenschwindsucht gegenüber 12,8 vH bei der gesamten erwerbstätigen englischen männlichen Arbeiterschaft festzustellen.

In diesem Zusammenhange darf vielleicht auch auf die Beobachtungen Ickerts bei den Kupferschieferbergarbeitern des Gebirgskreises Mansfeld hingewiesen werden, der im Jahre 1920 in den dortigen Bergarbeiterwohnorten eine Tuberkulosesterblichkeit von 19,5 vZT feststellte, während sich in den bergbaufreien Gemeinden nur eine solche von 10,6 und bei der Gesamtbevölkerung der ganzen Kreise von 15,4 Todesfällen an Tuberkulose für je 10 000 Einwohner fand. Redeker fand in denselben Kupferschieferbergbaubezirken einige Jahre später eine viel höhere Tuberkulosesterblichkeit, die 36,5 vZT erreichte.

Was nun die Menge der Staubentwicklung in den verschiedenen Tonschiefergewerben anlangt, so liegen exakte Messungen darüber in der Literatur nicht vor. Beim Schieferbrechen im Freien dürfte die Staubgefahr bzw. -inhalation nicht allzu groß sein, mehr dagegen in den meist nicht gut ventilierten kleinen Werkstätten der Griffelmacher. In diesen steht, wie K. B. Lehmann mitteilt, der ganzen mitarbeitenden Familie höchstens 15—20 cbm Luftraum zur Verfügung, und außerdem soll bei der Arbeit sehr viel Staub entwickelt werden. Besser bzw. weniger staubreich sind die modernen Griffelwerkstätten, die maschinell eingerichtet sind.

Die Dach- und Tafelschieferarbeiter sollen weniger staubgefährdet sein (Chajes), da ein großer Teil der Arbeiten im Freien vor sich geht. Gefährdet sind wieder mehr die Heimarbeiter mit schlechten Arbeitsräumen, in denen größere Staubgefahr besteht.

Villaret hält den Staub seiner harten, scharfkantigen, spitzigen und eckigen Teilchen und seines nicht eben geringen Kieselsäuregehalts wegen nicht für harmlos. Er glaubt, daß der Staub die Ursache der Lungenkrankheiten der Schieferarbeiter ist, worauf seines Erachtens „das regelmäßige Vorkommen der Schiefersplitterchen im Auswurf, das Auftreten der Krankheit bald nach Beginn der Arbeit und das Verschwinden oder doch die Milderung der Krankheit mit Aufgabe der letzteren" hinweisen. Ferner nimmt er an, daß es auch nach Einatmung des Tonschiefers zu einer Kiesellunge („eine infolge chronischer Entzündung des Lungengewebes sich langsam und progressiv entwickelnde Sklerose des Lungengewebes mit zum Teil käsigen Veränderungen und mineralischen Ablagerungen") kommt. Seines Erachtens ist es immer (z. B. auch in der Tonerde) die im Staub vorhandene Kieselsäure, die ihn zum gefährlichen macht. Das dürfte sich auch mit unseren früheren experimentellen Erfahrungen (Jötten und Arnoldi) bei dem tonhaltigeren Porzellanstaub decken, der im Tierversuch auch schädlich wirkte. Damit soll aber sowohl für den Porzellan- wie für den Tonschieferstaub nicht gesagt sein, daß alle gleich schädlich sind, sondern das hängt ganz ab von dem Gehalt der in Frage stehenden Staubarten an SiO_2.

Demgegenüber halten ihn Engel u. a. für verhältnismäßig harmlos, trotzdem von dem sehr viel ungefährlicheren Tonerdestaub Staublungenveränderungen mit Tuberkulose bekannt sind.

Diese Ansichten sind wohl auf die Ergebnisse bei Tierversuchen zurückzuführen, deren erste bezüglich der Tonschieferstaubinhalation bei Meerschweinchen von Lubenau angestellt wurden. Eine Kritik dieser Versuche erübrigt sich wohl, da wir an anderen Stellen schon darauf eingegangen sind (vgl. auch Nicholson, Ickert). Als Ergebnis zeigten sich geringe chronische Veränderungen.

Auch Mavrogordato fand im Tierversuch (Meerschweinchen) ein verhältnismäßig gutartiges Verhalten des Schieferstaubes, der ebenso wie Kohle und Kalk bald aus den Lungen eliminiert wird. Von fibröser Induration war nichts zu sehen, was ja auch nicht weiter zu verwundern ist, da nach unseren eigenen Versuchen (Jötten und Arnoldi) in Übereinstimmung mit Ickert und Mavrogordato zum Zustandekommen indurierender Staublungenprozesse der Staub meist allein nicht ausreicht, sondern dazu ist noch die gleichzeitige Mitwirkung der Bakterien (Tuberkelbazillen) erforderlich.

Ebenso fand auch Carleton keine typischen Lungenveränderungen (keine Fibrose) bei Meerschweincheninhalationsversuchen nach Schieferstaubeinatmung, wohl aber nach Feldspat [$K_2O \cdot Al_2O_3 \cdot (SiO_2)_6$], der unserem später abzuhandelnden Tonschiefer nahesteht.

Alle diese besprochenen Versuche sind aber lediglich angestellt worden, um festzustellen, ob es möglich ist, eine Pneumonokoniose nach Tonschieferstaub zu erzielen. Sie sind unseres Erachtens aber alle noch nicht so angestellt, daß sie ein einwandfreies Urteil ermöglichen. Ebenso fehlen Versuchsreihen, die sich mit der Ermittlung der Beziehungen zwischen Tonschieferpneumonokoniose und Lungentuberkulose beschäftigen, da unseres Erachtens erst dann bezüglich der Schädlichkeit einer Staubart ein Urteil zu fällen ist, wenn sie zusammen mit Tuberkelbazillen in ihrer Wirkung auf das Lungengewebe und in Vergleichsserien mit anderen bekannten Staubarten studiert wird. Vor allem ist es aber nötig, wenn man diese Frage experimentell entscheiden will, die Staubart bei Tieren auszuprobieren, die vor Beginn der Bestaubung einer Vorbehandlung mit unschädlichen Dosen von Tuberkelbazillen unterzogen worden sind. Denn nur mit solchen Tieren läßt sich, wie wir uns des häufigeren immer wieder überzeugen konnten, eine wirkliche Staubschädlichkeitsskala experimentell feststellen.

Weiter fehlen auch Versuchsergebnisse bezüglich des zum Gesteinstaubsicherungsverfahren" herangezogenen Tonschieferstaubes noch völlig. Es sind aber seit längerer Zeit große Untersuchungsserien z. B. von der Ruhrknappschaft Bochum bei den Arbeitern im Gange, die mit der Herstellung des „Gesteinstaubes" usw. beschäftigt sind. Bisher sind aber irgendwelche Veröffentlichungen von dieser Stelle noch nicht erfolgt, was wegen des großen Interesses, das man von allen möglichen und auch medizinischen Seiten diesem Verfahren entgegenbringt, zu bedauern ist. Die Ruhrknappschaft hat uns aber einen ersten Bericht über ihre Erfahrungen bei diesen Untersuchungsreihen zugehen lassen, und zwar von dem Oberarzt der Röntenabteilung des Knappschaftskrankenhauses Dr. Schulte, dem wir unseren besten Dank aussprechen möchten. Wegen der Aktuellität dieser Ausführungen möchten wir sie mit Genehmigung des Herrn Kollegen Dr. Schulte hier zum Abdruck bringen.

Übt das Staubstreuverfahren, welches zum Schutz gegen Schlagwetter und Kohlenstaubexplosionen in den Kohlenbergwerken des Rhein.-Westf. Grubenbezirkes gesetzlich eingeführt ist, einen schädigenden Einfluß auf die Gesundheit der Bergleute aus?

Von Dr. G. **Schulte**-Recklinghausen.

In einzelnen ausländischen Staaten, besonders in England und seinen Dominions hat man sich schon in den letzten Jahrzehnten ziemlich eingehend mit den Staubkrankheiten der Bergleute beschäftigt. Man hat die großen Gefahren einzelner Staubarten für die Gesundheit der Bergleute erkannt und schon vor 10—15 Jahren staatliche Schutzvorschriften und Entschädigungsgesetze erlassen.

In Deutschland ist den Staubkrankheiten der Bergarbeiter erst seit Kriegsende größere Aufmerksamkeit entgegengebracht worden. Durch das Röntgenverfahren, das seit dieser Zeit immer mehr Anwendung fand, war es ermöglicht, genauere Einblicke in die durch eingeatmeten Staub entstandenen Lungenschädigungen zu bekommen und die Staubkrankheiten von anderen Erkrankungen der Lunge abzugrenzen. Bei den systematisch angestellten Untersuchungen und Forschungen zeigte es sich, daß in erster Linie die Gesteinshauer in den Bergwerksbetrieben ergriffen wurden und vielfach allerschwerste Veränderungen in den Lungen bekamen, während sich bei den Kohlenhauern seltener und stets nur leichtere Veränderungen typischer Art nachweisen ließen.

Wenn wir die in Frage kommende Literatur durchsehen, von der wir eine ausgezeichnete Zusammenstellung in dem Buch von Jötten und Arnoldi — „Gewerbestaub und Lungentuberkulose" — finden, so können wir feststellen, daß fast von allen in- und ausländischen Forschern der Kohlenstaubeinatmung keine besondere schädliche Wirkung auf die Gesundheit zuerkannt wird. Einige Autoren schreiben der Kohlenstaubinhalation einen tuberkulosehemmenden Einfluß zu, andere empfehlen dieselbe sogar zu therapeutischen Zwecken. In anderen Veröffentlichungen jedoch wird der tuberkulosehemmende Einfluß des Kohlenstaubes bestritten und die geringe Tuberkulosesterblichkeit der Bergleute wird auf die Auslese bei der Einstellung auf der Zeche, die auf Grund ärztlicher Untersuchung erfolgt, zurückgeführt (Lindemann, Böhme, Heymann und Freudenberg u. a.).

Im Gegensatz zum Kohlenstaub muß der Gesteinstaub, dem eine sehr große Anzahl von Bergarbeitern in den Gruben des rheinisch-westfälischen Industriegrubenbezirks bei der Arbeit ausgesetzt sind, als sehr gefährlich für die Gesundheit bezeichnet werden. Dieser Gesteinstaub entsteht hauptsächlich beim Bohren des Gesteins, und wir wollen ihn in folgendem „Bohrstaub" nennen, um Verwechslungen mit dem Gesteinstaub, der zur Verhütung von Explosionen in der Grube gestreut wird und von dem in erster Linie die Rede sein soll, zu vermeiden. Der letztere Staub sei der Einfachheit halber als „Streustaub" bezeichnet.

Der eingeatmete Bohrstaub führt in einer sehr großen Zahl von Fällen zu schweren Lungenveränderungen (Pneumonokoniosen), die ihrerseits wieder in hohem Maße das Auftreten und die Ausbreitung sekundärer Erkrankungen, besonders der Tuberkulose, begünstigen. Zu dieser Erkenntnis sind wir besonders in den allerletzten Jahren gekommen, seitdem wir Gelegenheit hatten, Staubkranke genauer zu beobachten und mehr Sektionsmaterial zu Gesicht zu bekommen.

Auf die Frage der Disposition zur Pneumonokoniose und der Abhängigkeit der Arbeitszeit als Gesteinshauer von der Schwere der Erkrankung kann im Rahmen dieser Arbeit nicht näher eingegangen werden. Wir können aber behaupten, daß die Zahl der Arbeiter, die an Pneumonokoniose und ihren Folgeerkrankungen leiden und sterben, nicht unerheblich ist. Röntgenbilder mit Bohrstaubveränderungen und den Komplikationen, selbst allerschwersten Grades, bei denen die Lungenfelder mit tumorartigen Verdichtungen ausgefüllt sind, sind für uns keine Seltenheit.

Eine ständige Zunahme der Staubkrankheiten ist hauptsächlich seit Einführung des Bohrhammers (um 1905), worauf auch Böhme hinweist, festzustellen, da seit dieser Zeit die Staubentwicklung in den Gesteinsbetrieben erheblich stärker geworden ist. Mit der fortschreitenden Erkenntnis der Gefahr des Gesteinstaubes hat aber auch die Bekämpfung der Staubentwicklung an den Arbeitsstätten eingesetzt. Es gibt heute schon eine Reihe mehr oder minder guter Vorrichtungen, die diesem Zweck dienen. Behördlicherseits ist vor einigen Monaten ein Preisausschreiben mit hohem Geldpreis für die beste Art der Gesteinstaubbekämpfung erlassen worden.

Als am 1. April 1926 das Gesteinstaub(Streustaub-)verfahren zum Schutze gegen Schlagwetter und Kohlenstaubexplosionen gesetzlich verordnet wurde, mußte man in Erkenntnis der Gesundheitsschädlichkeit verschiedener Staubarten darauf Bedacht nehmen, für diesen Zweck nur Staubsorten zuzulassen, deren Harmlosigkeit festgestellt war. Vom Ministerium für Handel und Gewerbe (Grubensicherheitsamt) wurde daher eine Spezialärztekommission aufgefordert, verschiedene Staubsorten zu untersuchen und ein Gutachten darüber abzugeben, welche Staubarten unbedenklich zugelassen werden können.

Ehe ich auf diese Untersuchungen und obige gesetzliche Verordnung eingehe, möchte ich das Geschichtliche des Streustaubverfahrens kurz schildern:

Einem Aufsatz vom Ministerialrat Hatzfeld aus der Zeitschrift „Glück-Auf" Nr 44, 1925 entnehme ich folgendes:

Die Untersuchungen über die Kohlenstaubgefahr beginnen etwa um das Jahr 1860. Bis 1880 finden nur Laboratoriumsversuche statt, die wenig Klarheit bringen. In den nächsten Jahrzehnten werden ausgedehnte wissenschaftliche und praktische Untersuchungen vorgenommen, deren Ergebnis ist, daß der Kohlenstaub auch bei Abwesenheit von Schlagwettern selbst entzündlich ist und auch bei großen Explosionen mitwirkt. In den Jahren 1891—1905 erfolgt die Einführung und Vervollkommnung der Sicherheitslampen und der Sicherheitssprengstoffe. Diese beiden Maßnahmen dienen ausschließlich der Bekämpfung der Schlagwettergefahr. Die Verwendung der Sicherheitssprengstoffe strebt zugleich eine Verhütung der Kohlenstaubentzündungen an. Ferner wird zur Herabsetzung der Entzündlichkeit des Kohlenstaubes die Berieselung (Sprengen mit Wasser) angeordnet.

Die Berieselung ist anfangs nur in der Umgebung von Schußstellen vorgeschrieben, wird aber später auf die ganze Grube ausgedehnt, um der Weitertragung einer eingeleiteten Explosion entgegenzuwirken. Die Streckenberieselung erfordert, um wirksam zu sein, große Wassermengen, die sich schon aus praktischen Erwägungen (Quellen des Gebirges) verbieten. Außerdem nehmen manche Kohlenstaubsorten das Wasser schwer an. Schließlich bleibt die Befeuchtung nur eine gewisse Zeit wirksam, da das Wasser unter dem Einfluß des Wetterzuges bald verdunstet. Es ist daher verständlich, daß die Streckenberieselung die auf sie gesetzten Erwartungen nicht ganz erfüllt hat.

Die ersten Erfahrungen mit der Gesteinstaubstreuung wurden 1887 in England gemacht. Bei einer reinen Kohlenstaubexplosion auf der Altofts-Grube konnten die Sachverständigen feststellen, daß keine der Strecken getroffen war, in denen sich infolge von Zerbröckelung von Nebengestein natürlicher Schieferstaub gebildet hatte. Diese Feststellung gab die Veranlassung, das Streuverfahren zur Bekämpfung der Kohlenstaubexplosionen vorzuschlagen.

In den Jahren 1906—1924 fanden in den verschiedenen Ländern eine Anzahl sehr großer Kohlenstaubexplosionen mit vielen Toten statt. Bei der Explosion auf der schlagwetterfreien Grube in Courrieres kamen allein 1100 Mann um. Jetzt setzten in allen Ländern die Forschungen stärker ein und führten zu der Erkenntnis, daß zur Einschränkung großer Explosionen vor allen Dingen die Einführung unbrennbaren Materials, des Gesteinstaubes, als das zweckmäßigste Mittel anzusehen sei. Durch Erlaß der französischen Behörden vom 15. April und 15. Dezember 1912 wurde in Frankreich die Anwendung des Streustaubverfahrens durchgeführt. Seit dieser Zeit ist Frankreich von schweren Grubenunglücken verschont geblieben. Die Versuche englischer Forscher führten zu Ergebnissen, wie sie von uns zum großen Teil übernommen und in der Bergpolizeiverordnung, auf die ich später zu sprechen komme, niedergelegt sind. Das Streuverfahren selbst, das sich in England allmählich — von den Behörden empfehlend unterstützt — auf einer Reihe von Gruben einführte, wurde vom Jahre 1920 ab durch Verordnung vorgeschrieben. 1924 wurden diese Bestimmungen verschärft. Dabei wurde auch festgelegt, daß kein Streustaub benutzt werden darf, der von dem Minister wegen seiner gesundheitsschädlichen Wirkung für die in der Grube beschäftigten Leute verboten worden ist.

In Nordamerika wurde von 1913—1918 das Streuverfahren vereinzelt durchgeführt. Von 1918—1923 fand das Verfahren dadurch schnelleren Eingang, daß die Haftpflichtversicherungsgesellschaft für diejenigen Gruben, die das Streuverfahren durchführten, die Versicherungsgebühr herabsetzten. Heute wird das Streuverfahren von den meisten Bergwerksleitern in Amerika als das beste Mittel zur Bekämpfung der Kohlenstaubexplosionen angesehen.

In Deutschland wurden die ersten Versuchsergebnisse über die Streustaubwirkung im Jahre 1919 veröffentlicht. Daraufhin empfahl der Minister für Handel und Gewerbe durch Erlaß vom 20. Juni 1919 praktische Versuche mit Streustaub im westfälischen Steinkohlenbergbau vorzunehmen. Eine Reihe von Zechen ging auch dazu über. Größere Ausdehnung nahmen die Versuche aber erst an, als durch Erlaß vom 7. Dezember 1919 diejenigen Gruben, die das Streustaubverfahren erproben wollten, Erleichterungen von den Vorschriften über die Berieselung erhielten. Als Staub wurde anfangs hauptsächlich Kesselflugasche und in geringerem Maße Tonschieferstaub benutzt.

Zur Klärung der gesundheitlichen Wirkung des Staubes wurde vom Ministerium eine Ärztekommission beauftragt, entsprechende Versuche anzustellen. Diese Versuche führten dazu, daß die Kesselflugasche allmählich verlassen wurde und der Tonschieferstaub immer mehr Anwendung fand. Durch Verfügung vom 21. September 1921 gab das Oberbergamt Dortmund Richtlinien für die Durchführung des Streuverfahrens heraus. Jedoch beschränkte sich die Bergbehörde auf eine rein empfehlende Wirkung. Ende 1922 wurde dann die Abriegelung der Wetterabteilungen und der Aus- und Vorrichtungsbetriebe mit Streustaubsperren auf denjenigen Schachtanlagen gefordert, die wegen ihres Kohlenstaubes zu Bedenken Anlaß gaben. Als sich 1925 bei einzelnen Grubenexplosionen das Streuverfahren glänzend bewährte, wurde es durch Polizeiverordnung vom 1. April 1926 für die kohlenstaubgefährlichen Gruben des Oberbergamts Dortmund allgemein vorgeschrieben.

Einige der wichtigsten Vorschriften der Bergpolizeiverordnung über die „Anwendung von Gesteinstaub (Streustaub) zum Schutz gegen Schlagwetter und Kohlenstaubexplosionen“ seien hier kurz angeführt:

Das Streuverfahren muß in allen Gruben, in denen Flöze mit gefährlichem Kohlenstaub abgebaut werden, Anwendung finden, wobei als gefährlich der Kohlenstaub gilt, der im frischen Zustande mehr als 12 Gewichtsprozente flüchtiger Bestandteile enthält. Für die Durchführung des Verfahrens werden in erster Linie die Schaffung sogenannter Gesteinstaubsperren und die Staubstreuung vorgeschrieben.

Bei den Gesteinstaubsperren — von den Franzosen als arrêts barrages bezeichnet und zuerst angewandt — handelt es sich um Anhäufung von Staub in großer Menge auf frei im Streckenquerschnitt der Grube angebrachten Kästen. Bei Explosionen soll der Luftstoß die Kästen umwerfen und die Explosionsflamme soll in dem aufgewirbelten Staub erlöschen.

Für die Streuung lautet die Bestimmung, daß Staub überall dort hinzubringen ist, wo sich Kohlenstaub ablagert. Dies geschieht praktisch durch Handstreuung oder mechanisch durch Preßluftstreuung. Die Streuung muß so stark sein und so oft wiederholt werden, daß auf dem ganzen Umfang der einzustaubenden Strecke das abgelagerte Staubgemenge nicht mehr als 50 Gewichtsprozente brennbare Bestandteile enthält.

Für den Staub selbst werden folgende Forderungen festgelegt:

Gesteinstaub im Sinne der Bergpolizeiverordnung ist jeder Staub, der

1. vollständig durch das Drahtgewebe des Wetterlampenkorbes (144 Maschen/qcm), außerdem
2. mit mindestens 50 Gewichtsprozenten durch das Drahtgewebe Nr. 80 des genormten Deutschen Siebes (6400 Maschen/qcm) hindurchgeht, ferner
3. nicht mehr als 20 vH brennbare Bestandteile enthält,
4. in der Grube flugfähig bleibt und
5. von dem Oberbergamt als unschädlich für die Gesundheit der Bergleute zugelassen wird.

Wünscht eine Zeche eine bestimmte Staubsorte zu verwenden, so muß ein vorgeschriebenes Antragsformular, daß eine große Anzahl Fragen, die sich auf den zu untersuchenden Staub beziehen, enthält, ausgefüllt und mit einer Staubprobe dem Institut für Hygiene und Bakteriologie in Gelsenkirchen zugeschickt werden. Hier wird festgestellt, ob in gesundheitlicher Beziehung gegen die Verwendung der Staubsorte Bedenken bestehen oder nicht, und dies wird dem Oberbergamt mitgeteilt. Werden nur geringe Bedenken geäußert, so lehnt das Oberbergamt die Zulassung des Staubes ab.

Die Staubuntersuchung im Institut für Hygiene und Bakteriologie in Gelsenkirchen gestaltet sich folgendermaßen[1]:

Zunächst wird eine physikalische Untersuchung vorgenommen, die die Farbe, Beschaffenheit, Flugfähigkeit, Durchsiebbarkeit und das spezifische Gewicht berücksichtigt. Bezüglich der Beschaffenheit wird unter anderem festgestellt, welchen Eindruck der Staub beim Zerreiben zwischen den Fingern, zwischen Glasplatten, zwischen dem Hals einer Glasflasche und dem eingeschliffenen Glasstopfen und zwischen den Zähnen macht.

Die Flugfähigkeit wird in trockenem Zustande und nach siebentägiger Lagerung über Wasser geprüft.

Die chemische Untersuchung erfolgt qualitativ und, soweit es möglich ist, quantitativ auf folgende Bestandteile:

---

[1] Diese Angaben verdanke ich der Liebenswürdigkeit des Direktors des Instituts für Hygiene und Bakteriologie in Gelsenkirchen, Herrn Professor Hayo Bruns, dem ich an dieser Stelle meinen besten Dank dafür ausspreche.

Zusammensetzung:

Kieselsäure	Manganoxyd	Phosphorsäure
Freie Kieselsäure	Chromoxyd	Schwefelwasserstoffsäure
Tonerde	Bariumoxyd	Blausäure
Eisenoxyd	Arsen	Kohlensäure
Titanoxyd	Blei	Feuchtigkeit und chemisch gebundenes Wasser
Kalk	Quecksilber	Organische Substanz
Magnesia	Kupfer	Reaktion des wässerigen Auszuges.
Alkalioxyd	Salzsäure	
Löslichkeit in Salzsäure	Schwefelsäure	
	Salpetersäure	

Ferner wird noch der Feuchtigkeitsgehalt, die Hygroskopizität nach 24stündiger und nach 7tägiger Lagerung über Wasser bei 25° C, die Zusammenballung in lufttrockenem Zustand und nach 7tägiger Lagerung über Wasser untersucht.

Dann schließt sich eine mikroskopische und mikrophotographische Untersuchung an.

Zuletzt wird der Tierversuch — meistens an Meerschweinchen — angestellt.

Die Tiere werden in einem besonderen Apparat während eines längeren Zeitraumes täglich starker Staubinhalation ausgesetzt. Die pathologisch-anatomische Untersuchung der gestorbenen oder getöteten Tiere wird im pathologischen Institut der Universität Bonn vorgenommen. Anschließend wird im hygienischen Institut in Gelsenkirchen ein Gutachten erstattet.

Aus den gesamten Untersuchungsresultaten wird dann das Endurteil gebildet und dies dem Oberbergamt mitgeteilt.

Ich möchte noch kurz erwähnen, daß auch Tierversuche in den Gruben selbst vorgenommen wurden. In dem von der Ärztekommission dem Ministerium für Handel und Gewerbe erstatteten Gutachten finden sich folgende Angaben:

Auf drei Zechen mit Vollstreuung wurden in stark staubenden Betrieben 10 Hunde, 20 Kaninchen und rund 100 Meerschweinchen ausgesetzt. Die Versuche, die auf zwei Zechen zweimal je $^1/_2$ Jahr und auf einer Zeche einmal $^1/_2$ Jahr durchgeführt wurden, gestalteten sich sehr schwierig, weil die ausreichende Kontrolle der Pflege und Fütterung oft kaum möglich war. An allen Stellen, an denen Tiere ausgesetzt waren, wurden wiederholt quantitative Bestimmungen des Staubgehaltes der Luft ausgeführt. Diese Untersuchungen ergaben — trotz erheblicher örtlicher und zeitlicher Schwankungen — mit Sicherheit, daß die Tiere nicht annähernd die Staubmengen erhielten wie in den Laboratoriumsversuchen. Die Hunde und Kaninchen haben an allen Stellen das Aussetzen gut vertragen. Es war aber oft nicht möglich, die Tiere zur Sektion zu bekommen, weil entweder aus Anhänglichkeit oder bei Kaninchen wegen des Wunsches nach einem guten Braten die Tiere von den Arbeitern mit nach Hause genommen wurden. Das Sterben der Meerschweinchen, das meist innerhalb weniger Monate erfolgte, mußte auf ungenügende Pflege zurückgeführt werden, da festgestellt werden konnte, daß die Tiere an manchen Tagen, besonders Sonntags, ohne Fütterung gelassen wurden. Die im pathologischen Universitätsinstitut in Bonn durch Professor Ceelen ausgeführten Untersuchungen der Organe dieser Tiere ergaben, daß keinerlei besondere Reizerscheinungen durch Staub vorlagen.

Das Schlußurteil über diese Tierversuche lautete dahin, daß der Eindruck erheblicher gesundheitlicher Schädigungen nicht gewonnen werden konnte.

Bei den Untersuchungen des Staubes hinsichtlich der Gesundheitsschädigung wird besonderer Wert auf die Feststellung der Beschaffenheit — Größe, Härte und Scharfkantigkeit der kleinsten Teilchen — und des Gehaltes an Kieselsäure gelegt, weil diese beiden Momente als die Hauptursache für die Entstehung der Pneumonokoniosen durch Bohrstaub angesprochen werden. Deswegen möchte ich hierauf etwas näher eingehen.

Auf die Gefahren durch Härte und Scharfkantigkeit der feinen Staubteilchen finden wir in dem ausgedehnten Schrifttum über Staubkrankheiten sehr viel Hinweise. So schreibt z. B. Thiele in dem Buch von Thiele und Saupe: „Die Staublungenerkrankung (Pneumonokoniose) der Sandsteinarbeiter“: „Mikroskopisch besteht der Sandstein aus feinsten scharfen Quarzsplitterchen. Es kann gar kein Zweifel darüber bestehen, daß die Morphologie des Steinstaubes ausschlaggebend für die Beurteilung seiner Wirksamkeit auf die Gesundheit ist usw.“

Andere Autoren erwähnen, daß durch die Scharfkantigkeit des Staubes mechanische Läsionen in der Lunge gesetzt werden, welche zu Entzündungen und Bindegewebsbildungen führen und so die Ansiedlung von Tuberkelbazillen begünstigen.

Demgegenüber lehnen andere Autoren die Entstehung von Schädigungen durch Härte und Scharfkantigkeit des Staubes weitgehend ab.

Mavrogordato schreibt, daß betreffend Gesundheitsschädigungen des Staubes die Härte und Schärfe der Kanten nur ein historisches Interesse hätten. Fast gleicher Ansicht sind Middleton und Clark und Simmons auf Grund ihrer Untersuchungen an Schleifern. Sie konnten feststellen, daß bei den auf Kunststein schleifenden Arbeitern fast nie Lungenfibrose auftrat, während dieselbe sich bei den Gesteinsschleifern sehr häufig entwickelte, trotzdem beide Arbeitergruppen gleichgroße Staubmengen einatmeten. Diese Autoren schließen daraus, daß die Härte und Scharfkantigkeit nicht die Ursache der Schädigungen sein kann, weil der Staub der Kunstschleifmittel sehr viele solcher Teilchen enthält. Sie glauben vielmehr, daß dem Gehalt an freier Kieselsäure, die beim Sandstein ziemlich hoch ist, die Schuld zugesprochen werden müsse. (Zu erwähnen ist hier, daß bei den Kunstschleifern keine Fibrose und Tuberkulose, aber häufig Lungenentzündungen auftraten.)

Betreffend der gesundheitsschädlichen Wirkung der Kieselsäure kann ich mitteilen, daß sich fast alle Forscher darin einig sind, daß Staubarten mit einem hohen Gehalt an reiner kristallischer Kieselsäure als sehr gesundheitsschädlich bezeichnet werden müssen.

Die Frage, warum gerade die freie Kieselsäure so besonders gefährlich ist, ist noch nicht einheitlich geklärt. Am meisten zitiert wird die Ansicht, die Mavrogordato auf Grund seiner Tierversuche gibt. Danach wird der eingeatmete Staub von Phagozyten — auch Staubzellen genannt — die höchstwahrscheinlich von den Endothelzellen der Blut- und Lymphgefäße abstammen, aufgenommen. Wenn es sich um Kohlenstaub handelt, sterben die Zellen rasch ab und Staubmassen werden an der Oberfläche der Alveolarwände sichtbar. Die Entfernung aus der Lunge geschieht entweder durch die Bronchien in Pfropfen von Schleim oder durch die Lymphgefäße.

Zellen, die Kieselsäure enthalten, sterben nicht ab und werden von Körpersäften weder verdaut noch vernichtet. Die Zellen ballen sich zusammen, ähnlich denen, die bei der Tuberkulose gefunden werden (Pseudotuberkel). Sobald die Zellenmassen die lymphatischen Bahnen erreichen, werden sie nicht alle fortgeschwemmt, sondern sie häufen sich an und blockieren die Lymphgefäße. Allmählich setzt dann eine Verschmelzung der Zellen und eine Umwandlung in fibröses Gewebe ein (Narbengewebe). Die Blutgefäße werden von fibrösem Gewebe umgeben, oft von Zellen verstopft und schließlich mit fibrösem Gewebe ausgefüllt.

Mavrogordato kommt zu folgenden Schlußfolgerungen über die Gefährlichkeit eines Staubes:

Staubarten, die Unheil anrichten, sind Staubarten, die sich anhäufen.

Staubarten, die ausgestoßen werden, sind Staubarten, die starke Initialreaktion mit erheblicher Schädigung des Epithels verursachen.

Staubarten, die sich anhäufen, verursachen keine so starke Initialreaktion, da durch sie viel weniger Epithelien absterben.

Staubarten, die eine Initialreaktion verursachen, haben die Tendenz, den trägeren Staub mit sich hinauszunehmen.

Zu der letzten Feststellung kommt Mavrogordato auf Grund folgender Versuchsergebnisse. Die Schädigungen durch Einatmung von kieselsäurehaltigem Staub waren geringer, wenn eine Vermischung mit Kohlenstaub vorgenommen wurde. Mavrogordato glaubt, daß infolge der durch Kohlenstaub verursachten heftigen katarrhalischen Reaktion der gefährliche Staub mit dem Schleim herausbefördert wird.

Der günstige Einfluß des Kohlenstaubes zur Vermeidung einer Kieselsäurelunge ist auch von anderen Forschern festgestellt worden. So machte z. B. Haldane (1918) auf Grund seiner Versuche den Vorschlag, im Interesse der Gesundheit der Bergleute die Goldgruben mit Kohle zu bestäuben. Carleton schreibt, daß man vielleicht auch die Kohlenbestäubung in anderen Gewerben, welche mit Einatmen von Feuersteinstaub verbunden seien, anwenden könne.

Im Gegensatz zur reinen kristallisierten Kieselsäure wird der amorphen Kieselsäure und gewissen Kieselsäureverbindungen eine relative Ungefährlichkeit zugesprochen.

Aber auch die freie Kieselsäure scheint unter besonderen Bedingungen ihre Gefährlichkeit einzubüßen. In England hat man schon lange Zeit zum Einstäuben der Gruben u. a. einen Tonschieferstaub benutzt, der 70 vH Gesamtkieselsäure und 35 vH freie Kieselsäure enthielt, ohne daß durch die Einatmung desselben eine besondere Gesundheitsschädigung nachgewiesen werden konnte. Haldane glaubt auf Grund seiner Erfahrungen an Menschen, daß die freie Kieselsäure, wenn sie wie im Schiefer und in verschiedenen anderen Gesteinsarten von anderem nicht kristallinischen Material begleitet ist, zusammen mit dem nicht kristallinischen Material aus der Lunge ausgeschieden und unschädlich gemacht wird.

Ganz kurz möchte ich noch die Frage streifen, wie weit die Größe der Staubpartikelchen von der Gefährlichkeit des Staubes abhängt. Hierüber finden wir eine Literaturzusammenstellung bei Teleky, aus der wir entnehmen, daß weder die größten, noch die kleinsten Teilchen die gefährlichsten sind, sondern diejenigen in der Größe von $^1/_2$—2 μ im Durchmesser. Teleky weist darauf hin, daß die Stäubchen in dieser Größe bei gewöhnlicher Innenbeleuchtung nicht sichtbar sind und die Gefährlichkeit deswegen nach dem bloßen Augenschein nicht beurteilt werden kann. Es müßten also Staubuntersuchungen der Luft vorgenommen werden. Für diesen Zweck gibt es bereits eine große Anzahl von Apparaten, auf deren Namen und Wirkungsweise hier nicht näher eingegangen werden soll.

In den Gruben des Ruhrbezirks werden folgende Staubarten nach vorausgegangener Prüfung zum Einstäuben benutzt:

Tonschieferstaub in verschiedener Zusammensetzung,
Tonmehl, Flugstaub, Kalksteinmehl und Lehmstaub.

Die Zechen stellen sich den Staub in besonderen Mahlanlagen zum Teil selbst her, zum Teil beziehen sie ihn von Firmen, die sich mit der Herstellung des Staubes befassen.

Als Rohmaterial für den am meisten verwandten Tonschieferstaub dient Tonschieferstein, der in den Kohlengruben selbst gewonnen wird.

Die Untersuchungen an den Bergleuten selbst zur Klärung der Frage, ob dem Streustaub eine gesundheitsschädigende Wirkung zugesprochen werden muß, begannen im Jahre 1926.

Von der Ruhrknappschaft wurden vier örtlich getrennt liegende Untersuchungsstellen beauftragt, diese Untersuchungen vorzunehmen. Es wurde folgende Organisation getroffen:

Für jeden Untersuchten wurde eine besondere Mappe angelegt, in der sowohl die bei jeder Untersuchung angefertigten Röntgenbilder der Lunge, wie auch die auf besonderem Formular festgelegten Untersuchungsergebnisse gesammelt und aufbewahrt werden. Auf diese Weise hat man jeder Zeit das gesamte Material des in Kontrolle stehenden Bergmanns für Vergleichszwecke bei den Untersuchungen zur Hand.

Zunächst wurden den Untersuchungsstellen vom Oberbergamt eine größere Zahl von Einstaubern — d. h. Arbeitern, die das Streuen des Staubes in der Grube vornehmen — überwiesen. Bei den Untersuchungen zeigt es sich nun, daß eine große Zahl dieser Arbeiter für die Klärung der gestellten Frage ungeeignet war. Die Zechen hatten als Einstauber zum großen Teil ältere Bergleute, von denen eine Anzahl schon Bergrentner waren, angestellt, weil das Einstauben als leichte Arbeit angesehen wurde. Bei diesen Arbeitern, die zum Teil schon lange Jahre in der Grube als Kohlenhauer und vielfach auch als Gesteinshauer gearbeitet hatten, fanden sich schon mehr oder minder hochgradige Lungenveränderungen im Röntgenbild, so daß es unmöglich erscheinen mußte, eventuell später durch Streustaub noch hinzukommende Veränderungen davon abzutrennen.

Daraufhin gab die Bergbehörde einer Anzahl von Zechen Anweisung, junge Bergleute als Einstauber zu beschäftigen und diese den Untersuchungsstellen auf Anforderung in bestimmten Abständen zuzuschicken.

Ferner wurde bei einer späteren gemeinsameren Besprechung zwischen Vertretern des Oberbergamtes und den in Frage kommenden Ärzten der Untersuchungsstellen eine Einigung dahin erzielt, eine weitere Anzahl junger Bergleute von dem Arbeitsbeginn in der Grube an in bestimmten Abständen regelmäßig nachzuuntersuchen. Diese Arbeiter sollten nicht nach bestimmten Richtlinien beschäftigt werden, sondern sollten die gewöhnliche Laufbahn der Bergarbeiter durchmachen und nur bei den Untersuchungen sollte die jeweilige verrichtete Arbeit registriert und verwertet werden. Auf diese Weise stehen jetzt rund 300 geeignete Bergleute — 150 ältere und 150 jüngere — in dauernder Kontrolle.

Je nach der Beschäftigung finden die Nachuntersuchungen alle 1, 2 oder 3 Jahre statt.

In den wenigen Jahren seit Beginn unserer Untersuchungen konnte — wie es zu erwarten war —, ein verwertbares Ergebnis über die Einwirkungen des Staubes nicht erzielt werden.

Ein irgendwie gesundheitsschädigender Einfluß des Streustaubes wurde bei den Untersuchungen der Grubenarbeiter nicht festgestellt.

Um aber doch möglichst bald zu einem Urteil über eventuelle Einwirkungen des Staubes auf die Gesundheit der Arbeiter zu kommen, wurden die Untersuchungen — ebenfalls seit 1926 — auf die Arbeiter in den Staubmühlen ausgedehnt. In diesen Staubmühlen, in denen man den für die Gruben verwendeten Streustaub herstellt, wird zum Teil schon sehr viel länger Tonschiefer zur Herstellung von Ziegelsteinen, zu Staub gemahlen. Der letztere Staub, der gepreßt, geformt und gebrannt wird, wird zwar nicht so fein gemahlen, wie der Streustaub, aber es entsteht doch beim Mahlen zum Teil eine so starke Staubwolke, daß die Arbeiter, wie in einer leichten Nebelschicht zu stehen scheinen und daß bei ihnen Gesicht, Hände und Kleidung stark mit Staub bedeckt werden. Es ist kein Zweifel, daß von diesem Staub ständig sehr viel eingeatmet wird.

Durch Erfassen der Arbeiter in den Staubmühlen bekamen wir Leute zur Untersuchung, die bis zu 15 Jahren in den Mühlen beschäftigt waren und in dieser Zeit etwa 10 Jahre gröberen Staub für Ziegelherstellung und die übrige Zeit gröberen Staub für Ziegel und feineren Staub für

Streuzwecke gemahlen hatten. Diese Arbeiter waren weiterhin für die Untersuchung deswegen besonders geeignet, weil sie nie in der Grube gearbeitet hatten und die Lungen infolgedessen im wesentlichen frei von Kohlen- und Sandsteinstaub waren. Wir konnten also die reine Einwirkung des Tonschieferstaubes studieren.

Das Untersuchungsergebnis bei den Staubmühlenarbeitern war folgendes: Die große Mehrzahl dieser Arbeiter zeigte gar keine Staubschäden der Lunge, trotzdem sie — wie örtliche Besichtigungen ergaben —, in starkstaubenden Betrieben viele Jahre gearbeitet hatten und zweifellos große Staubmengen eingeatmet haben mußten. Vereinzelte Arbeiter ließen ganz leichte Staubveränderungen in den Lungen erkennen. Diese leichten Staubveränderungen, die nur in einem einzelnen Falle fast einen mittleren Grad angenommen hatten, fand ich bei den Staubmühlenarbeitern, die mit Mischen von gröberem und feinem Staub und mit dem Verladen des Staubes für den Transport nach anderen Zechen beschäftigt waren. Bei diesen Arbeiten wird anscheinend besonders viel Staub aufgewirbelt.

Die Untersuchungen an den Staubmühlenarbeitern werden ebenfalls fortgesetzt. Für die Zukunft können allerdings nicht mehr so eindeutige Ergebnisse aus den Untersuchungen erzielt werden, da einerseits auch für diese Arbeiter vielfach Staubmasken eingeführt sind und andererseits die Zechen in den letzten Jahren Maßnahmen getroffen haben, welche die Staubentwicklung hochgradig eingeschränkt haben. Auf einzelnen Zechen sind die Verbesserungen bereits so weit gediehen, daß kaum noch eine Staubentwicklung in den Mühlen vorhanden ist, sodaß die Untersuchungen der Arbeiter aus diesen Betrieben für unsere Zwecke nicht mehr in Frage kommen. Dadurch ist die Zahl der in Kontrolle stehenden Staubmühlenarbeiter bereits um 20 zurückgegangen, sodaß für die Folgezeit noch 45 Arbeiter dieser Kategorie in Beobachtung bleiben.

Wenn ich heute schon auf Grund unserer Untersuchungen ein vorläufiges Urteil in der Frage abgeben darf, ob der Streustaub einen gesundheitsschädlichen Einfluß ausübt, so möchte ich mich dahin äußern:

Die in den Gruben des Rheinisch-Westfälischen Grubenbezirkes für das Steinstaubverfahren zur Vermeidung von Explosionen verwendeten Staubsorten sind trotz ihres zum Teil hohen Kieselsäuregehaltes der bis zu 70 vH Gesamtkieselsäure und 30 vH freie Kieselsäure bei einzelnen Staubsorten beträgt, weitgehend ungefährlich. Wenn dieser Staub für sehr lange Zeit in starker Konzentration eingeatmet wird, können Staubveränderungen in der Lunge entstehen, die aber anscheinend immer nur leichterer Art sind und nie den Grad erreichen, wie er durch längeres Einatmen von Bohrstaub entstehen kann. Letztere Beobachtung wurde nur bei Arbeitern gemacht, die in den Staubmühlen den Staub in seiner reinen Form eingeatmet hatten.

In den Bergwerken wird der Streustaub selten in der reinen Form, sondern meist mit Kohlenstaub gemischt eingeatmet. Der Kohlenstaub aber übt in solchen Fällen erfahrungsgemäß einen günstigen Einfluß aus. Er befördert den eingeatmeten Steinstaub mit aus der Lunge und verhindert so Ablagerungen und Anhäufungen.

Es ist selbstverständlich dringend erforderlich, auch weiterhin Untersuchungen, wie sie im Rheinisch-Westfählischen Grubenbezirk begonnen sind, vorzunehmen, um eventuell noch auftretende Gesundheitsschädigungen durch Streustaub kennen und vermeiden zu lernen. — Ein endgültiges Resultat in dieser wichtigen Frage ist erst in 10 bis 20 Jahren zu erwarten.

Es läßt sich aber heute schon mit allergrößter Wahrscheinlichkeit sagen, daß die Schäden durch den Staub im schlimmsten Falle gering sein werden und daß das Steinstaubverfahren, das sich zur Vermeidung der verheerenden Kohlenstaubexplosionen bereits bewährt hat, aus gesundheitlichen Rücksichten nicht wieder aufgegeben zu werden braucht, da sein Nutzen stets erheblich größer als sein Schaden sein wird.

Überblicken wir die Ergebnisse, die uns Dr. Schulte im vorstehnden mitzuteilen die Liebenswürdigkeit hatte, so ist doch schon festzustellen, daß die Einatmung größerer Mengen kieselsäurehaltigen Tonschieferstaubes bei den Staubmühlenarbeitern zu pneumonokoniotischen Veränderungen, wenn auch nur leichterer Natur, Veranlassung geben kann. Diese Veränderungen würden vielleicht schon einen größeren Umfang angenommen haben, wenn in den Staubmühlenbetrieben schon immer der Tonschieferstaub so fein ausgemahlen worden wäre, wie das in den letzten Jahren seit Einführung der Gesteinstaubsicherung der Fall ist. Der früher zur Herstellung von Ziegelsteinen vorbereitete Tonschieferstaub weist nämlich viel größere Einzelkörner auf, die sicher nicht bis tief in die Lungenbläschen vordringen können, wie es jetzt dem Streustaub möglich ist. Hier müssen erst noch langjährige Erfahrungen abgewartet werden. Dasselbe gilt auch für die Schulteschen Untersuchungen an Bergleuten, die den Streustaub seltener in reiner Form als vielmehr mit Kohlenstaub gemischt einatmen. Ob durch diese Mischung ein günstiger Einfluß ausgeübt wird, muß erst noch bewiesen werden, wenn auch schon die Tierexperimente Mavrogordatos dafür zu sprechen scheinen.

Bis jetzt ist jedenfalls auf Grund aller dieser Beobachtungen noch nichts Abschließendes über die befördernde Wirkung des Tonschieferstaubes auf die Ausbildung einer Staublungentuberkulose zu sagen. Es bleibt somit wieder das Tierexperiment, das hier zur Entscheidung dieser Frage mit herangezogen werden muß.

III. Experimenteller Teil.

Mit diesen bisher besprochenen drei Staubarten haben wir fast in ebenderselben Art und Weise, wie Jötten und Arnoldi es für die anderen Staubsorten (Stahlschleif-, Porzellan-, Kohle-, Kalkstaub und Ruß) getan und beschrieben haben, experimentelle Bestaubungs- und Infektionsversuche angestellt, über die wir im folgenden kurz berichten möchten.

Zunächst mal eine Beschreibung der drei verschiedenen Staubarten.

1. Beschreibung des Staubmaterials.

a) Zementstaub.

Zu unseren Versuchen herangezogen wurde das fertig gebrannte Material der Wicking-Portland-Zement und Wasserkalkwerke A.-G. in Lengerich. Es wurde gesammelt einmal neben den Zementmühlen, in denen die Klinker gemahlen werden, und außerdem

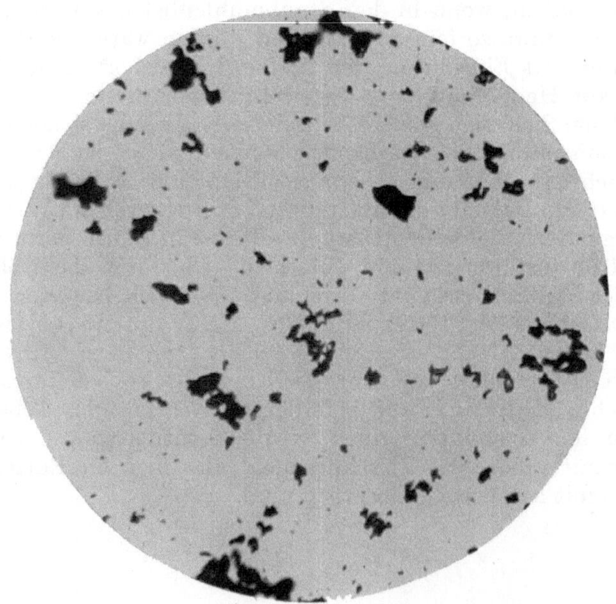

Abb. 1. Zementstaub.

in den Sackpackräumen des Werkes II, das über ein Trockenherstellungsverfahren verfügt.

Dieser Staub besteht zu 20,34 vH aus Kieselsäure (SiO_2)
zu 6,23 vH aus Tonerde (Al_2O_3)
zu 62,39 vH aus Kalk (CaO)
zu 3,74 vH aus Eisenoxyd (Fe_2O_3)
zu 0,98 vH aus Magnesia (MgO)
zu 1,68 vH aus Schwefelsäure (SO_3)
zu 0,05 vH aus Sulfidschwefel
3,63 vH Glühverlust.

Die Löslichkeit in kohlensäurehaltigem Wasser war gut. Entsprechend der Einstufung des Zementstaubes in die ,,vorwiegend rundlichen bzw. stumpfkantigen" durch K. B. Lehmann zeigte der Wickingsche Zementstaub mikroskopisch bei schwacher Vergrößerung (s. Abb. 1) größtenteils polygonale kleinere, weniger spitze und scharfe Teilchen, unter denen sich viel runde Gebilde befinden, die gut wasserlöslich sind.

Was die Feinheit der Staubteilchen anbelangt, so überwiegen im Gesichtsfeld die kleineren Teilchen, die einen Durchmesser von 5—20 μ aufzuweisen haben. Daneben kommen aber auch Partikelchen bis zur Länge von etwa 150 μ und außerdem kleinste Körnchen von nur 1,5 μ Durchmesser zur Beobachtung.

Nach Aufwirbelung des ziemlich feinpulverigen Staubes durch Doppelkompressoren-Luftstrom (s. Abb. 4) entsteht ein gut schwebender Staub ähnlich wie es in den früheren Versuchen der mehr tonhaltige Selber-Porzellanstaub II tat. Aber auch der Zementstaub nahm ziemlich leicht Feuchtigkeit aus der Luft auf, was natürlich unter Umständen seine Flugfähigkeit beeinträchtigte.

Unser Mikrobild (Abb. 1) gleicht dem von Sommerfeld in seinem 1926 herausgegebenen Atlas der gewerblichen Gesundheitspflege auf Seite 159 wiedergegebenen Mikrophotogramm.

b) Tabakstaub.

Unser Tabakstaub stellte ein Material dar, wie es in der Luft von solchen Betrieben gefunden wird, in denen Rauch-(Pfeifen)-tabak hergestellt wird. Dieser Gewerbestaub wurde an den verschiedensten Niederschlagsstellen an den Arbeitsplätzen, auf den Arbeitstischen, am Boden der Arbeitsräume und an höher gelegenen Stellen der Fabrikräume gesammelt und uns in dankenswerter Weise von der bekannten Tabakfabrik Oldenkott-Söhne, Ahaus, zur Verfügung gestellt. Der Tabakstaub war nur zum Teil gut aufzuwirbeln und längere Zeit schwebend zu erhalten. Es gelang dieses nur, wenn wir in die erste Staubaufwirbelungsröhre (s. später und Abb. 4) einen hölzernen, fingerdicken Stab lose hineinstellten. Die gröberen Teilchen senkten sich immer sehr schnell wieder ab. Das ist auch nicht weiter verwunderlich, wenn man sich den Staub bei schwacher oder gar Lupenvergrößerung ansieht. Dieser Staub, der nach Kölsch aus kleinen, mit spitzen Drüsenhaaren besetzten Blatteilchen und aufgefasertem Kalziumoxalat enthaltenden Kristallsandschläuchen und teilweise recht scharfkantigen Holzteilchen bestehen soll, ließ im Mikroskop große organische Gebilde von sehr wechselnder Gestalt ohne bestimmte Formen (s. Abb. 2) erkennen. Es konnten viel rundliche, polygonale Gebilde neben vereinzelteren spitzigeren scharfkantigen Formen beobachtet werden. Vorherrschend waren größere Gebilde, die zum Teil bis 1200 μ lang waren und sicher nicht tief in die Lungen hineingelangen dürften. Daneben fanden sich aber auch kleinste Formen, die einen Durchmesser von nur 2—4 μ aufwiesen. Auf Grund dieser Eigenschaften ist er wohl schwer in das Lehmannsche Schema der Tier- und Pflanzenstaubarten, in dem der Tabakstaub bisher auch noch fehlt, einzustufen. Unseres Erachtens handelt es sich hier um eine Mischstaubart, die vielleicht in die Gruppe „spitzig und mittelweich“ bei geringer Wasserlöslichkeit hineingehört. Schließlich ist er auch ziemlich stark hygroskopisch und diese Eigenschaft beeinträchtigte auch seine Schwebefähigkeit im Inhalationsturm. Es mußte deshalb bei Anstellung der Bestaubungsversuche um eine ordentliche Staubwolke im Inhalationsturm zu erhalten, ziemlich viel Material aufgewirbelt und nachgefüllt werden.

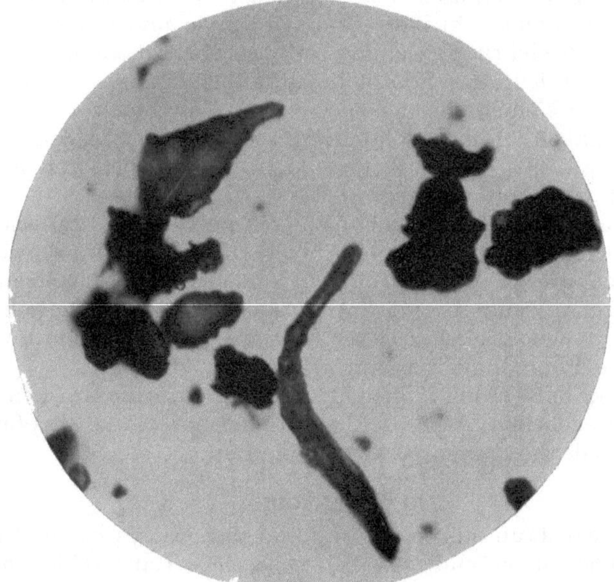

Abb. 2. Tabakstaub.

c) Tonschieferstaub.

Dieser Tonschieferstaub wurde in einigen westfälischen Zechen zum Gesteinstaubsicherungsverfahren angewandt und in einer westfälischen Zeche aus der unteren Fettkohlenpartie gewonnen. Die Vermahlung erfolgte vermittels einer Trommelmühle mit Windsichter. Der Staub ist in diesen Mühlenräumen fast immer in großen Mengen in der Luft, was ja auch schon den Ausführungen von Schulte zu entnehmen war.

Der chemischen Zusammensetzung nach sollte er laut Mitteilungen der Zeche bestehen aus:

1. Kieselsäure (SiO_2) 57,03 vH
2. Eisenoxyd, Tonerde (Fe_2O_3 + Al_2O_3) 34,49 v.H
3. Kalziumoxyd (CaO) 1,21 vH
4. Magnesiumoxyd (MgO) 1,59 vH
5. Schwefelsäure (SO_3) 2,03 vH
6. Alkaliendifferenz 3,65 vH (Zechenanalyse)

Die im hiesigen mineralogischen Institut von Herrn Professor Ernst und cand. min. Schröder ausgeführte Analyse ergab vermittels mechanischen Trennungsverfahrens in dem Staub 2,82 vH Apatit, Pyrit und Zirkon, 16,66 vH Muskovit und Chlorit und 46,36 vH Quarzsplitterchen und amorphe Kieselsäure. Der Eisenoxyd- und Tonerdegehalt wurde niedriger gefunden (als in der Zechenanalyse angegeben) und nur 9,77 vH Al_2O_3 und 18,21 vH Fe_2O_3, daneben dann noch 1,58 vH CaO.

Auf Grund dieser Analyse besonders mit Rücksicht auf den für Tonschiefer zu niedrigen Al_2O_3- und zu hohen Eisengehalt wurde vom mineralogischen Institut mitgeteilt, daß es sich bei dem Staub nicht um Tonschiefer allein, sondern wahrscheinlich um eine Vermischung mit Sandstein handelte.

Eine im hiesigen Institut vorgenommene chemische Untersuchung (Sartorius und Ottemeyer) ergab nach Aufschluß mittels Natrium-Kalium-Karbonat-Schmelze einen

Gesamtkieselsäuregehalt von 57,5 vH
und einen Eisen- und Aluminiumgehalt (Fe_2O_3 + Al_2O_3)
zusammen von 27,55 vH.

Außerdem konnten vermittels einer bei Teleky (S. 23) angegebenen Methode 46,29 vH unlösliche Bestandteile festgestellt werden, die aus Quarz und Feldspat bestehen.

Es handelte sich also bei dem vorliegenden Staube nicht um Tonschiefer allein, sondern um ein Gemisch mit stärker quarzhaltigem Gestein. Es ist dies für die Beurteilung der späteren Versuche von großer Wichtigkeit. Der Einfachheit wegen werden wir aber trotzdem im weiteren Text von Tonschiefer sprechen.

Im Gegensatz zum Zementstaub verfügt dieser Staub also über mehr SiO_2 und mehr Al_2O_3, dagegen nur über wenige Prozente CaO. Infolgedessen müßte der Tonschieferstaub entsprechend den Ausführungen Sleeswijks auf dem vorjährigen V. Internationalen Kongreß für Unfallheilkunde und Berufskrankheiten gefährlicher für die Lungen sein, als der Zementstaub, dessen SiO_2 durch die hohen CaO-Prozente gewissermaßen kompensiert bzw. unschädlich gemacht werden soll. Dieser Ansicht hat sich der eine von uns bereits in der nachfolgenden Aussprache angeschlossen.

Außerdem ist dieser Tonschieferstaub im Gegensatz zum Zement schwer löslich, sonst würde er ja auch nicht den Vorbedingungen für das Gesteinstaubsicherungsverfahren entsprechen können. Er stellt eine ziemlich harte Masse dar, der nach der Einteilung K. B. Lehmanns wohl zu den anorganischen mittelspitzigen Staubarten, mittelharter Konsistenz gehören dürfte. Er besteht im mikroskopischen Bilde gesehen (Abb. 3) aus vielen größeren und kleineren zum Teil doppelbrechenden spitzen und eckigen meist polygonalen Stückchen, deren Größendurchmesser zwischen 1,8 und 150 μ schwankten.

Dieser Staub war seiner Aufgabe entsprechend gut flugfähig und entwickelte verhältnismäßig leicht gute Staubwolken, die sich ebenso

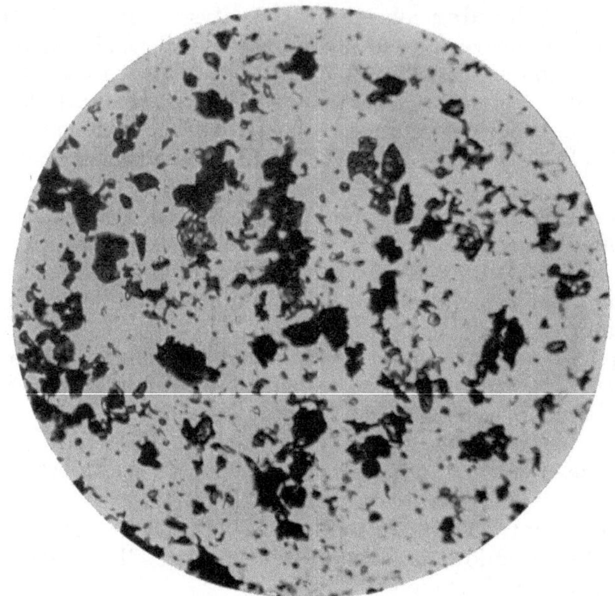

Abb. 3. Tonschieferstaub.

wie beim Selber-Porzellanstaub II ziemlich lange in der Inhalationsturmluft schwebend hielten. Diesem letzterem Staub ähnelte der Tonschiefer auch im SiO_2-Gehalt und dem Vorhandensein von Al_2O_3. Es war also sehr interessant für uns, nach diesen vergleichenden Vorerwägungen festzustellen, ob die Wirkung dieses Tonschieferstaubes im Tierexperiment sich ähnlich gestaltete wie nach Inhalation von Porzellanstaub.

2. Apparatur und Versuchstechnik.

Für die Anstellung dieser Vergleichsversuche wurde die definitive Form der Staubinhalationsapparatur, wie sie Jötten und Arnoldi in ihrem Buch „Gewerbestaub und Lungentuberkulose" beschrieben haben, benutzt, indem daran allerdings einige Vervollkommnungen vorgenommen wurden. Es wurde zur Aufwirbelung des Staubes ein intermittierender Luftstrom benutzt, der von dem Dr. Siltenschen

Elektro Doppelkompressor S. C. III geliefert wird, und zwar 60—70 l pro Minute (s. Abb. 4). Dieser Luftstrom tritt vermittels Schlauchleitung in lange zylindrisch lotrecht angeordnete Glasröhren von etwa 80 cm Länge und 4 cm Weite. Der Lufteintritt erfolgt am unteren Teile vermittels eines Rohransatzes, der in eine flaschenhalsartige Verengerung des unteren Röhrenendes einmündet. Der Austritt des in der Röhre durch den Luftstrom aufgewirbelten Staubes erfolgt durch einen ungefähr 5 cm unterhalb des oberen, mit einem Korken verschlossenen Röhrenendes angebrachten zweiten Rohransatzes. Bei diesen Versuchsreihen wurden drei derartige zylindrische Glasrohre hintereinandergeschaltet. Die Außenfläche der ersten Röhre, in die der zu verstäubende Staub zu Beginn der Versuche eingefüllt wurde, wurde mittels Fettstift graduiert, um die jeweils zu verblasende Staubmenge genau überwachen zu können. Die Füllung der ersten Röhre wurde täglich auf einen be-

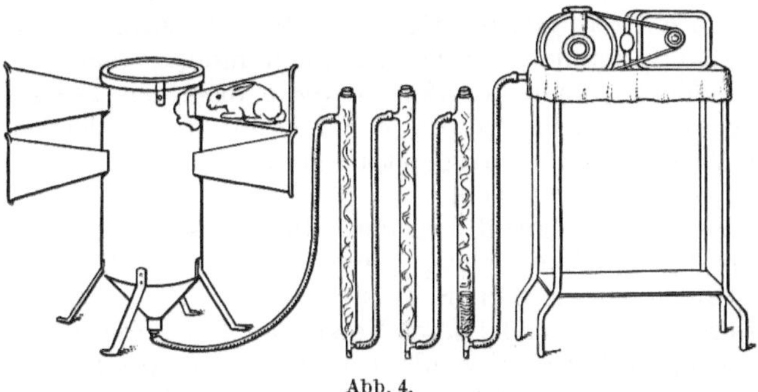

Abb. 4.

stimmten Stand gebracht, nachdem in vorhergehenden Versuchen festgestellt war, wieviel Staub in der ersten Aufwirbelungsröhre erforderlich war, um eine bestimmte Staubdichte in dem Inhalationsraum zu erzeugen. Dieses wurde dadurch noch verbessert, daß wir hinter die erste Staubaufwirbelungsröhre noch zwei weitere zylindrische Röhren schalteten (siehe Abb. 4). Es wurde einmal dadurch erreicht, daß nur die kleineren Staubteilchen in die Turmluft gelangten und außerdem eine viel gleichmäßigere, länger schwebefähige Staubwolke entstand. Nach Passieren dieser drei zylindrischen Glasröhren gelangte der Staub vermittels einer Schlauchverbindung von unten in die aus der ersten Veröffentlichung bekannten Inhalationstürme von etwa 90 cm Höhe und einen Durchmesser von 27 cm. Diese Türme haben je zwölf Tierbehälter, die in zwei Etagen seitlich in radiärer Anordnung angebracht und gegen die Lichtung des Turmes durch Drahtgitter abgeschlossen sind. (Diese Tierbehälter können ab- und anmontiert werden, auch die Drahtgitter sind auswechselbar. Diese Zerlegbarkeit der Apparatur ist für den Zweck der bequemen Reinigung und gegebenenfalls der Desinfektion vorgesehen. Jeder Tierkasten ist mit einer schlotartigen durch Wattefilter verschlossenen Öffnung versehen, welche der Ventilation dient.)

Diese Inhalationstürme werden oben dicht abgeschlossen durch einen in Scharnieren beweglichen Deckel, der außer einer Beobachtungsscheibe noch ein kurzes Rohrstück zur Absaugung der Luft vermittels Wasserstrahlluftpumpe trägt.

Am unteren Ende des Inhalationsturmes befindet sich ein nach unten sich verjüngender abgestumpfter Kegel, dessen etwa 5 cm weite zentrale Öffnung durch einen in der Mitte durchbohrten Korkstopfen verschlossen wird. Durch diese Bohrung führt ein Glasrohr, dessen eines Ende in der zentralen Achse des Turmes frei emporragt, während das außen befindliche Ende sich in den staubzuführenden Schlauch fortsetzt.

Diese Apparatur hat sich auch in diesen Versuchsreihen durchaus bewährt und wieder gezeigt, daß sich damit hinreichend quantitativ selbst bei mäßiger Verstäubung arbeiten läßt. Es war jederzeit möglich, solche Staubatmosphären zu schaffen, wie man sie in den entsprechenden Gewerbebetrieben selbst vorzufinden pflegt. Daß unsere Versuchsanordnung durchaus den Verhältnissen der Praxis entspricht, konnten wir außerdem noch an gleichzeitig in den Industrieräumen aufgestellten Versuchstieren feststellen; sie zeigten nach monatelangem Aufenthalt z. B. in den Packräumen der Zementwerke dieselben Lungenveränderungen wie die Versuchstiere, die der Inhalation des gleichen Staubes in unseren Versuchstürmen ausgesetzt waren. Wir werden hierauf später noch näher einzugehen haben.

Die Dosierung der zuzuführenden Staubmengen war durch Regulierung der Druckluftzuführung leicht zu bewerkstelligen (genaueres siehe Jötten und Arnoldi, S. 112).

Ebenso wie bei unseren früheren Versuchen mußte die zu verwendende Staubdichte immerhin so gewählt werden, daß dadurch eventuell eine pathogene Wirkung bedingt werden konnte. In Übereinstimmung mit unseren Erfahrungen und Erwägungen aus den Verhältnissen der Praxis und der Porzellanstaubversuche usw. wählten wir durchwegs eine Staubdosis, die zwischen 50 und 80 mg pro 1 cbm Turmluft schwankte. Diese Dosierung dürfte entsprechend den Mitteilungen der Literatur und unseren eigenen Fabrikstaubmessungen nicht allzuhoch gewählt sein. Die Staubdosen entsprechen den in Tabakbetrieben durchschnittlich gefundenen Werten, während für den Zement- und Tonschieferstaub diese Mengen verhältnismäßig so klein sind, wie sie nur in Betrieben mit mustergültigen Entstaubungsanlagen gefunden werden.

Im Laufe der Versuche wurde durch wiederholte Staubbestimmungen festgestellt, daß die Staubkonzentrationen sich immer auf ungefähr gleicher Höhe hielten. Die Staubbestimmungen wurden durchwegs mit Hilfe des Ascherschen Apparates vorgenommen und zwar in der Weise, daß der durch einen luftdichten Schlauch mit dem Apparat verbundene Filtrationskörper in das Drahtnetz eines Tierbehälters des Inhalationsturmes hineingelegt und langsam 500 l Turmluft durchgezogen wurden. Das in den Filtrationskörper eingelegte Filterpapier wurde vor und nach der Staubluftdurchsaugung gewogen und aus der Differenz die Staubmenge errechnet. Außerdem ermöglichte der Staubbelag auf der Filterscheibe die Herstellung eines mikroskopischen

Präparates, sodaß es uns jederzeit möglich war, neben der jeweils vorhandenen Staubmenge auch noch die Art und die Größenverhältnisse des Staubes festzustellen. Für die Beurteilung des Staubcharakters eignete sich vorzüglich die von Busch-Rathenow neu herausgebrachte mikroskopische Beobachtung bei seitlicher Beleuchtung (mit speziellem Buschschen Dunkelfeldkondensor).

Wir haben, wie gesagt, die Staubmengen durchwegs mit dem Ascherschen Apparat bestimmt, daneben aber auch andere Methoden herangezogen. Es hat sich dabei gezeigt, daß jede Methode andere Werte liefert. So bekamen wir z. B. bei einer vergleichenden Staubmessung mit dem Ascherapparat 20 mg Staub pro Kubikmeter, während die Vakuumölpumpe nach Gäde mit vorgeschaltetem Aschertrichter 40 mg pro Kubikmeter (bei gleicher Staubzuführung) in der Turmluft ergab, und eine Doppelflaschenanordnung gar 45 mg lieferte. Diese letztere Anordnung bestand darin, daß wir aus einer höher stehenden 20 l fassenden Flasche Wasser vermittels Heberwirkung in eine zweite tiefer stehende ebensogroße Flasche laufen ließen und die dabei in die erste Flasche eingezogene Luft zunächst durch die Aschertrichtervorrichtung strömen ließen. Die Trichtervorrichtung stand mittels Gummischlauch in Verbindung mit einem kurzen Glasrohr, das durch eine Stopfenbohrung in die obere Flasche hineinragte. Daneben befand sich eine zweite Stopfenbohrung, durch die ein zweites langes Glasrohr von 14 mm Durchmesser tief in die Flasche hineingeführt wurde. Wählte man hierzu aber ein enges Glasrohr, z. B. von nur 8 mm Durchmesser, so gab die Staubbestimmung niedere Werte, die in dem vorhin erwähnten Versuche statt 45 nur 25 mg pro Kubikmeter Turmluft ergab. Man sieht schon an diesem einen mit verschiedenen Staubbestimmungsapparaturen vorgenommenen Vergleichsversuche (wir verfügen jetzt schon über eine ganze Menge derartiger Ergebnisse), daß eine exakte vergleichbare Staubbestimmung nicht möglich ist. Auch Versuche, die wir mit Kornzähl- und Kondensationsmethoden z. B. nach Owens, Kotzé usw. angestellt haben, konnten uns nicht restlos befriedigen. Es ist unbedingt erforderlich, hierfür einen Standardstaubbestimmungsapparat mit entsprechender Standardstaubbestimmungsmethode zusammenzustellen, der die Staubkornzahl und die quantitativen Staubmengenbestimmungen nebeneinander ermöglicht. Wir sind mit der Konstruktion eines derartigen Apparates beschäftigt und hoffen demnächst darüber ausführlich berichten zu können.

Wie vorhin schon erwähnt, haben wir also immer für die Staubversuchsanordnung die Staubmengen mit dem Ascherschen Apparat bestimmt und die Tiere bei den drei verschiedenen Staubarten einer Staubatmospäre von 50—80 mg pro Kubikmeter Turmluft ausgesetzt und zwar für die Hauptstaubinfektionsversuche 3—5 Monate lang (jeden Tag 1 Stunde), während die Dauer der reinen Pneumonokonioseversuche zwischen 3 Wochen und 5 Monaten schwankte.

Die Nachinfektion der Staubinhalationstiere wurde kurz vor Beendigung der Staubinhalation entweder äerogen in der Tuberkelbazilleninhalationsvorrichtung mit Doppelkompressor und großem Verneblerelement S. C. III (Sauerstoffzentrale, Dr. Silten, Berlin [siehe Abb. 16, S. 116 bei Jötten und Arnoldi]) vorgenommen oder aber intravenös. Diese letztere Art wurde immer mehr bevorzugt, einmal wegen der Unmöglichkeit der ärogenen Form bei Betriebsversuchen und dann auch wegen der genaueren Dosierungsmöglichkeit. Die genauere Infektionsdosierung wurde deshalb erforderlich, weil unser stets benutzter Typ.-hum.-Stamm Schröder-Mietsch-Baumgarten im Laufe der 3jährigen Fortzüchtung auf Glyzerinbouillon kaninchenvirulenter wurde.

Als Versuchstier diente wiederum das Kaninchen, nachdem wir uns in den umfangreichen Vor- und früheren Hauptversuchen davon überzeugt hatten, daß die experimentelle Kaninchentuberkulose tuberkulöse Lungenprozesse liefert, die vielmehr der menschlichen Lungentuberkulose auch in ihrem länger dauernden chronischen Verlauf ähneln als die, die man im Meerschweinchen experimentell hervorrufen kann (genaueres siehe bei Jötten und Arnoldi).

Außerdem war es Jötten und Arnoldi gelungen, beim Kaninchen durch eine vor Beginn der Bestaubungsversuche ganz schwach gesetzte tuberkulöse Infektion, die sie mittels Inhalation schwach kaninchenvirulenter menschlicher Tuberkelbazillen (M. 1373 von Professor Eber-Leipzig) vornahmen, einen Durchseuchungswiderstand bei diesen Versuchstieren hervorzurufen, wie wir ihn beim erwachsenen, schon tuberkulosedurchseuchten Menschen vor uns haben. Die später gegen Schluß der Bestaubung vorgenommene Zweit- bzw. Reinfektion führte dann zu sekundärer bzw. chronisch indurierender Tuberkulose, während nicht Tuberkulosebazzillenvorinvizierte Tiere vorzugsweise exsudative mehr fortschreitende Prozesse erkennen ließen. Das ist eine neue Versuchsmöglichkeit, die man unseres Erachtens zu Tuberkuloseversuchen bisher noch nicht herangezogen hat. Und gerade mit Hilfe dieser Methode ist es uns möglich gewesen, besonders feine Unterschiede zwischen den einzelnen Staubarten in ihrer Wirkung auf die experimentelle Slaublunge und Staublungentuberkulose herauszufinden, wohingegen die einfache Bestaubungsmethode mit nachlolgender Tuberkelbazilleninfektion bei einzelnen Staubarten uns im Stiche ließ. Und das ist auch sicher gerade der Grund, warum die bisher von anderer Seite angestellten Tierversuche (z. B. Cesa Bianchi) keine exakten Unterschiede unter den einzelnen Staubarten in ihrer befördernden oder hintanhaltenden Wirkung auf die Ausbreitung der Lungentuberkulose gebracht haben.

Unter Einhaltung dieser Versuchsanordnung wurden die drei Staubarten (Zement-, Takak- und Tonschieferstaub) nebeneinander bezüglich Pneumonokoniosebildung und Staublungentuberkulosebeförderung experimentell im Kaninchenversuch ausgeprobt.

3. Experimentelle Pneumonokoniosen.

In drei nebeneinanderstehenden Inhalationsturmanordnungen (siehe Abb. 4) wurden ungefähr gleichgroße Kaninchen der Bestaubung mit

Tabak-, Zement und Tonschieferstaub täglich 1 Stunde lang in einer Staubatmosphäre von etwa 65 mg Staub in 1 cbm Luft ausgesetzt (siehe Tab. 1).

Wenn man sich die in den Protokollen der Tabelle 1 wiedergegebenen pathologisch-anatomischen Veränderungen ansieht und vergleicht dieselben mit denen, die Jötten und Arnoldi nach Porzellanstaubinhalation erhalten haben, so kann man eine fast völlige Übereinstimmung nicht von der Hand weisen, wenn man auch bei den einzelnen Staubarten graduelle Unterschiede in der Intensität der Veränderungen zugeben muß. Das lehrt auch sofort ein Blick auf die beigegebenen Abbildungen 5, 6 und 7, von denen die Tabaklungenbilder die geringsten, die Tonschiefergesteinslungen die intensivsten und die Zementlungen nur etwas mehr Veränderungen als die Tabaklungen erkennen lassen. Bei genauerer Betrachtung bei stärkerer Vergrößerung ist auch ein entsprechender Befund festzustellen, und zwar insofern, als die Veränderungen qualitativ fast dieselben und nur quantitativ verschieden sind, indem der Tabakstaub wieder die geringsten, der Zement etwas mehr und der Tonschieferstaub die umfangreichsten Veränderungen hervorruft. Dieses wird besonders deutlich bei den Bildern, auf denen das elastische Gewebe gefärbt worden ist. Während dieses neben anderen Veränderungen, auf die wir nachher zu sprechen kommen, in den Tonschieferlungen an einzelnen Stellen ganz destruiert ist, sind derartige Prozesse in der Zementlunge nur mehr vereinzelt sichtbar. In der Tabakstaublunge gehören sie zu den äußersten Seltenheiten.

Was nun die mikroskopischen Veränderungen nach Inhalation der drei verschiedenen Staubarten bei den Versuchstieren im einzelnen anbelangt, so müssen wir auf die in der Tabelle 1 wiedergegebenen pathologisch-anatomischen Befunde verweisen. Im allgemeinen haben wir nach Inhalation von Staubmengen, wie sie in den entsprechenden Betrieben gefunden werden, folgende Veränderungen beobachten können:

Bei den Tieren, die etwa 3 Wochen lang täglich 1 Stunde inhaliert hatten, zeigte sich nach Tabakstaub noch der größere Teil des Lungengewebes gut erhalten, während das übrige Lungengewebe mehr oder weniger Veränderungen aufwies, die einmal unter der Pleura in Zellanhäufungen und Ödembildung mit Staubeinlagerung mit reichlich erweiterten Gefäßen und ausgetretenen roten Blutkörperchen bestanden. Die gleichen Veränderungen finden sich im Bereich aller veränderten Lungenteile und in den verdickten Septen, die an vielen Stellen zu einem Verschluß der Alveolen geführt haben. Dafür haben dann andere Lungenteile vikariierendes Emphysem aufzuweisen.

Innerhalb der Alveolen sieht man freiliegende Staubteilchen und desquamierte Epithelien. Sodann findet sich der Staub innerhalb der Alveolarepithelien zwischen und in den Zellen der verdickten Septen. Die Zellen selbst machen einen gequollenen Eindruck mit runden schlecht gefärbten Kernen.

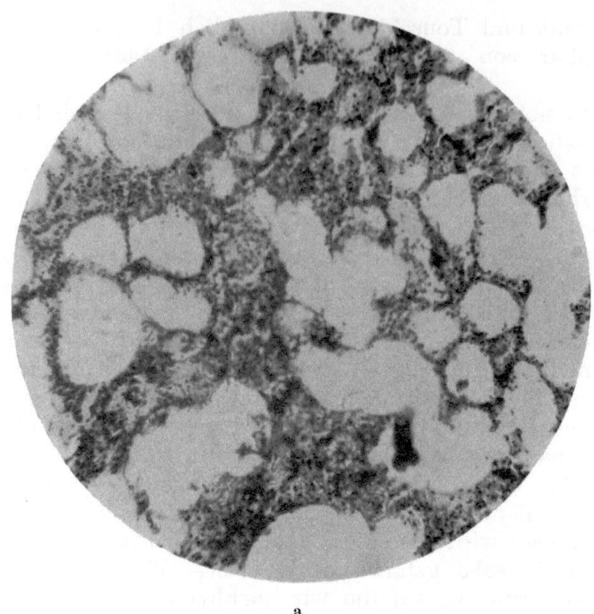

a

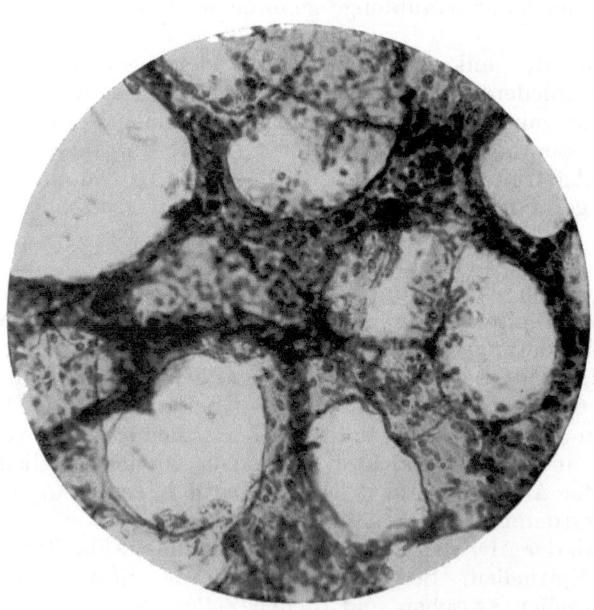

b

Abb. 5. Kaninchenlunge nach Tabakstaub-Inhalation. a) schwächere Vergrößerung, b) stärkere Vergrößerung (Elastikafärbung).

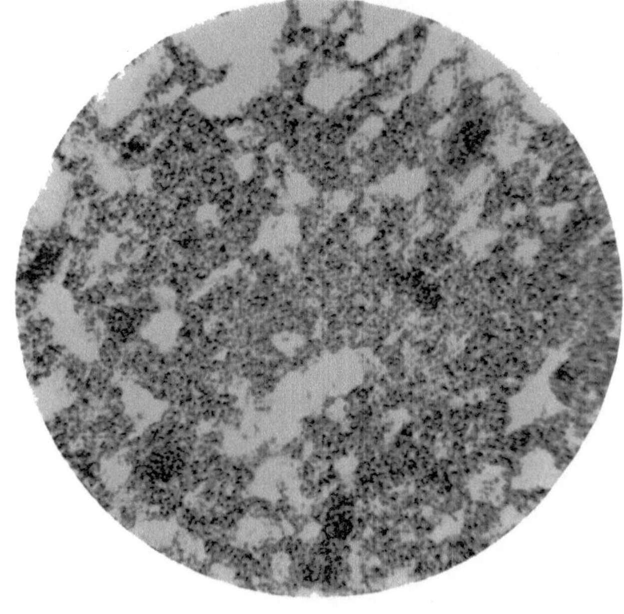

a

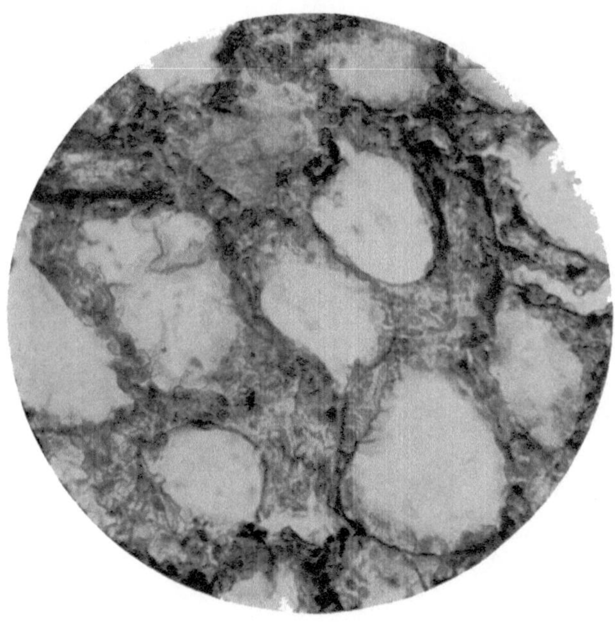

b

Abb. 6. Nach Zementstaub-Inhalation.

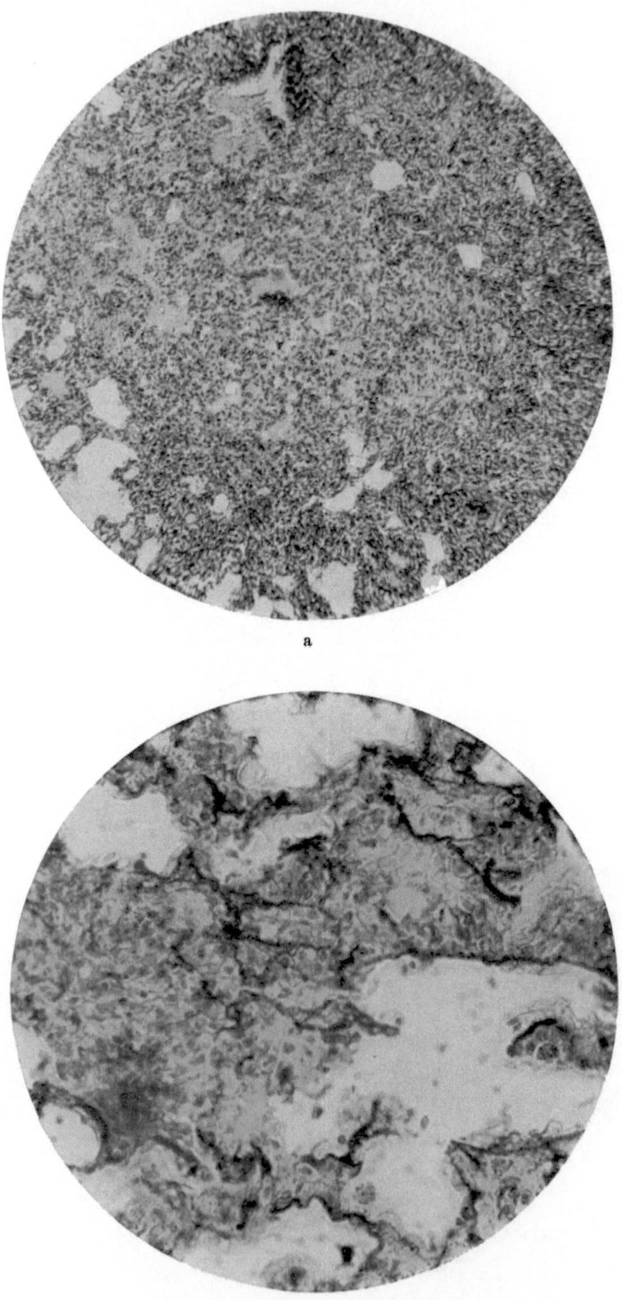

a

b

Abb. 7. Nach Tonschieferstaub-Inhalation.

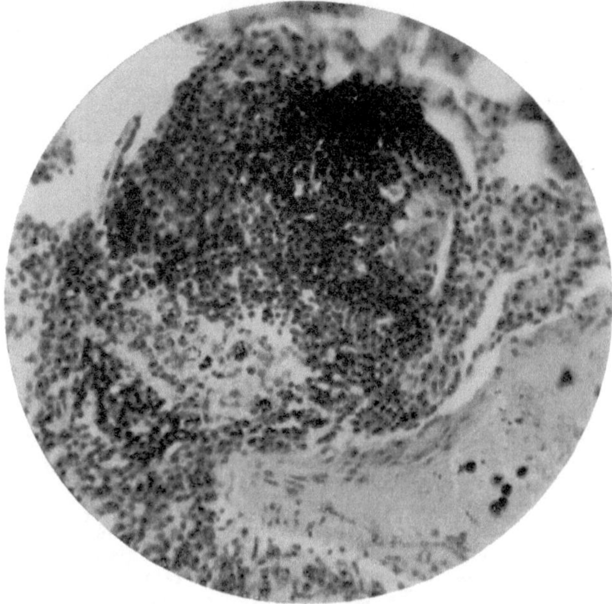

Abb. 8. Lymphknoten mit Staubeinlagerung (Tabakstaub).

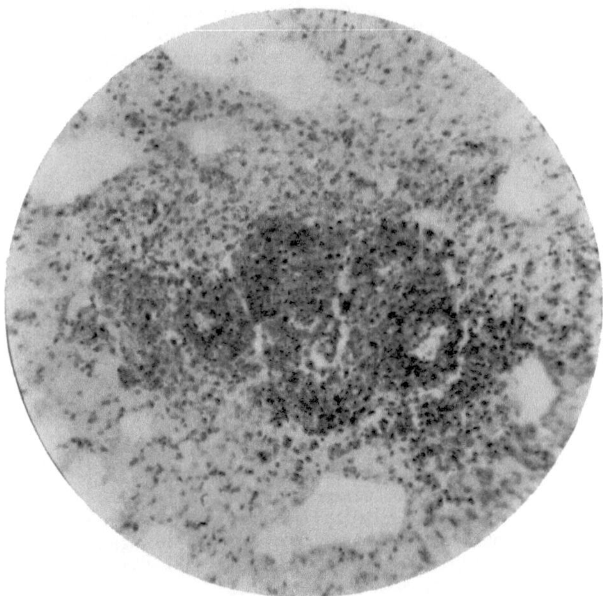

Abb. 9. Lymphknoten mit Staubeinlagerung (Zementstaub).

Tabelle 1.

Tabak.

Nr.	Staubinhalationsdauer	Exitus	Pathologisch-anatomischer Befund
644	27. 5. 27 bis 20. 6. 27 24 Tage	20. 6. 27	Ein großer Teil des Lungengewebes ist noch gut erhalten, jedoch sieht man in den Septen eingelagerte Staubteilchen. Das übrige Lungengewebe zeigt z. T. starke Veränderungen, die einmal darin bestehen, daß unter der Pleura Zellanhäufungen mit eingelagerten Staubteilchen, reichlich erweiterten Gefäßen und zahlreichen Extravasaten roter Blutkörperchen zu finden sind. Dieselben Veränderungen finden sich im Bereich des gesamten veränderten Lungengewebes, mehr oder weniger ausgesprochen, sodaß es an vielen Stellen der Lungen zu einem Verschluß der Alveolen gekommen ist. Dafür ist an vielen Stellen ein vikariierendes Emphysem aufgetreten. In den Gefäßen sieht man zwischen den Blutkörperchen reichlich Staub. Es ist überhaupt zu betonen, daß gerade in der Nähe der Gefäße die Hauptveränderungen sich vorfinden. Innerhalb der Alveolen freiliegende Staubteilchen und desquamierte Epithelien. Außerdem findet sich der Staub innerhalb der Alveolarepithelien zwischen und in den Zellen der verdickten Septen. Die Zellen machen einen gequollenen Eindruck mit rundem, schlecht gefärbtem Kern. Dazwischen Bindegewebszellen. Außerdem finden sich Staubteilchen in den Gefäßwänden und frei im Gefäßlumen liegend. (Wo sich derartige Befunde bei den übrigen Versuchstieren feststellen ließen, haben wir der Kürze halber von pneumonokoniotischen Veränderungen gesprochen.)
383	7. 1. 27 bis 25. 2. 27 6 Wochen	25. 2. 27	Viel gut erhaltenes Lungengewebe; einzelne Teile sind stark verändert mit allen Veränderungen, die bei Nr. 644 beschrieben sind. Nur ist bei dieser Lunge eine stärkere Durchblutung und eine Schwellung der perivaskulären und peribronchialen Lymphknoten feststellbar und in diesen finden sich reichlich Phagozyten, die viele kleine Staubteilchen in sich beherbergen. Im übrigen Lungengewebe ist nicht so viel Staub sichtbar wie bei Nr. 644.

Zement.

Nr.	Staubinhalationsdauer	Exitus
632	27. 5. 27 bis 19. 6. 27 23 Tage	19. 6. 27
634	27. 5. 27 bis 14. 6. 27 18 Tage	14. 6. 27
635	27. 5. 27 bis 14. 6. 27 18 Tage	14. 6. 27
370	24. 11. 26 bis 21. 12. 26 1 Monat	5. 1. 27
630	27. 5. 27 bis 13. 7. 27 $1^1/_2$ Monate	13. 7. 27

Staubtiere.

Pathologisch-anatomischer Befund
Der Befund in den Lungen gleicht fast dem des Tabakstaubtieres Nr. 644. Nur scheint die Aufnahme des Staubes durch die zelligen Elemente weitere Fortschritte gemacht zu haben.
Befund genau wie bei Nr. 632.
Befund wie bei Nr. 632.
Die Veränderungen decken sich mit Nr. 632.
Veränderungen wie bei Nr. 632. Die Staubeinlagerung in den zelligen Elementen (Phagozyten, Histiozyten und Alveolarepithelien) tritt hier noch mehr in die Erscheinung. Daher wenig freiliegender Staub.

Tonschiefer.

Nr.	Staubinhalationsdauer	Exitus	Pathologisch-anatomischer Befund
642	27. 5. 27 bis 19. 6. 27 23 Tage	19. 6. 27	Die subpleuralen Staubherde sind nicht so deutlich ausgesprochen wie bei der entsprechenden Tabaklunge Nr. 644. Dagegen finden sich neben den spärlichen subpleuralen Zellhäufungen schon hin und wieder Ödemmassen. Der Staub findet sich in diesen Gegenden nicht so reichlich wie im Innern der Lunge. Diese selbst zeigt auch weniger Zellanhäufungen wie die Tabaklunge, dafür aber sehr starke Hyperämie, sodaß die Alveolarepithelien kaum zu sehen sind. Diese sind zum großen Teil von Ödem mit darin liegendem Staub ausgefüllt. Ebenso wie bei der Tabaklunge findet man in der Gefäßwand und in den Gefäßen selbst viel Staub. Im übrigen liegt der Staub wieder frei in den Alveolarsepten und in den Alveolarepithelien, z. T. frei im Alveolarlumen. Es finden sich auch Alveolen, die wie mit Gesteinstaub austapeziert aussehen. In den Alveolen außerdem desquamierte Epithelien. Vereinzelte Histio- und Phagozyten, die mit Staub beladen sind.
376	24. 11. 26 bis 21. 12. 26 1 Monat	3. 1. 27	Die Lungenveränderungen sind dieselben wie bei Nr. 642. Nur findet man hier schon die perivaskulären und peribronchialen Lymphknoten etwas verdickt mit spärlich eingelagertem Staub.

Tabelle 1.

Tabak. Zement.

Nr.	Staubinhalationsdauer	Exitus	Pathologisch-anatomischer Befund	Nr.	Staubinhalationsdauer	Exitus
357	24. 11. 26 bis 21. 12. 26 4 Wochen	25. 1. 27	Große Teile der Lungen sind unverändert, nur hin und wieder von kleinen pneumonokoniotischen Herden durchsetzt, die größtenteils Ödem aufzuweisen haben, bes. in der Nähe der großen Gefäße. Die hauptsächlichsten Veränderungen finden sich subpleural. In den subpleuralen Veränderungen viel Ödem.	222	22. 6. 26 bis 7. 9. 26 $2^{1}/_{2}$ Monate	19. 9. 26
618	22. 6. 27 bis 8. 9. 27 $2^{1}/_{2}$ Monate	8. 9. 27	Der größte Teil des Lungengewebes normal. An vereinzelten Stellen des Lungengewebes, vor allem subpleural, befinden sich pneumonokoniotische Prozesse mit starken Staubeinlagerungen. In den verdickten Alveolarsepten liegt der Staub fast restlos in Alveolarepithelzellen, in Phago- und Histiozyten. Diese Veränderungen und Staubeinlagerungen sind stark ausgeprägt, bes. um die Gefäße herum, die selbst innerhalb ihrer Wandzellen und im Lumen zwischen den Blutkörperchen viel Staub erkennen lassen. Ödem findet sich nur an ganz vereinzelten Stellen in den verdickten Septen.	230	22. 6. 26 bis 7. 9. 26 $2^{1}/_{2}$ Monate	21. 9. 26
559	22. 6. 27 bis 25. 10. 27 4 Monate	25. 10. 27	Lungengewebe größtenteils unverändert, allerdings sind die Teile zur Lungenwurzel hin, bes. im Gebiet der großen Gefäße, pneumonokoniotisch verändert, zellige Infiltration. Direkt in die Augen springend ist die Vergrößerung der Lymphknoten in der Nähe der Gefäße. Innerhalb dieser Lymphknoten finden sich viel mit Staub angefüllte Zellen. Zwischen den Zellinfiltrationen sieht man nach v. Gieson rot gefärbte Bindegewebszellen (bindegewebige Proliferation).	380	11. 1. 27 bis 30. 4. 27 $4^{1}/_{2}$ Monate	5. 5. 27
358	24. 11. 26 bis 30. 4. 27 5 Monate	5. 5. 27	Mäßige pneumonokoniotische Veränderungen, zahlreich perivaskulär gelegene vergrößerte staubhaltige Lymphknoten. Innerhalb der Zellen und Gefäße reichlich Staub. Vielleicht etwas vermehrtes Bindegewebe innerhalb der verbreiterten Septen.			

(Fortsetzung.)

Pathologisch-anatomischer Befund
Verhältnismäßig viel pneumonokoniotisch verändertes Gewebe. Dabei aber kaum exsudative Prozesse. Der Staub ist gut in die Zellen aufgenommen. Bemerkenswert sind hier vor allen Dingen die zahlreich vorhandenen und vergrößerten perivaskulären Lymphknoten, in deren Zellen viel Staub zu finden ist.
Noch viel intaktes Gewebe neben zellig infiltrierten pneumonokoniotisch veränderten Lungenteilchen. Die perivaskulären und peribronchialen Lymphknoten sind vergrößert und die darin enthaltenen Staubzellen mit Staub gefüllt. Bemerkenswert bei all diesen Präparaten ist, daß in den Gefäßen selbst kaum Staub enthalten ist.
Befund wie bei Nr. 358. Nur mehr Staub sichtbar, und zwar auch noch viel außerhalb der Zellen. Das elastische Gewebe ist in dem größten Teil des Lungengewebes gut erhalten.

Tonschiefer.

Nr.	Staubinhalationsdauer	Exitus	Pathologisch-anatomischer Befund
235	22. 6. 27 bis 7. 9. 27 $2^1/_2$ Monate	18. 9. 27	Stark pneumonokoniotisch verändertes Gewebe. Die einzelnen Septen sind stark verdickt, zellreich mit erweiterten Blutgefäßen. An vielen Stellen Ödem, an Gefäßen vergrößerte staubhaltige Lymphknoten. Die pneumonokonotischen Veränderungen sind so stark, daß die Alveolen fast ganz verschwunden sind. Der Staub liegt fast vollständig intrazellulär (Staubzellen) in den Gefäßwänden und innerhalb der Gefäße. An einzelnen Stellen der Pneumonokoniose stärkere bindegewebige Proliferation. Die Elastika an den pneumonokoniotisch veränderten Stellenaufgefasert und z. T. ganz zerstört. Daneben aber noch reichlich intaktes gutes Lungengewebe.
236	22. 6. 27 bis 7. 9. 27 $2^1/_2$ Monate	13. 9. 27	Befund genau wie bei Nr. 235.
641	27. 5. 27 bis 25. 9. 27 4 Monate	25. 10. 27	Subpleural und über die ganze Lunge verstreut pneumonokoniotische Prozesse, die viel Staub enthalten. Gleichzeitig ist der Staub auch reichlich zu finden in den reichlich vorhandenen vergrößerten perivaskulären und peribronchialen Lymphknoten. In den pneumonokoniotisch veränderten und verbreiteten Alveolarsepten Vermehrung der Bindegewebszellen. Die Elastika verhältnismäßig gut in ihrer Struktur erhalten, nur an den stark veränderten Gewebsstellen Destruktion und Auffaserung der Elastika.
362	24. 11. 26 bis 30. 4. 27 $4^1/_2$ Monate	5. 5. 27	Ganz starke pneumonokoniotische Veränderung wie bei fast allen vorher beobachteten Tieren. Geringe Bindegewebsvermehrung an vielen Stellen.

Die Hauptveränderungen finden sich in der Nähe der Gefäße. Die Gefäßwände selbst enthalten sowohl innerhalb wie außerhalb ihrer Zellen Staub und außerdem konnten Staubteilchen zwischen den Blutkörperchen im Gefäßlumen (siehe Abb. 8, Tier 618) beobachtet werden. Makroskopisch kann man bei der Sektion die subpleuralen Herde schon an ihrer bräunlichen Verfärbung erkennen.

Nach etwas längerer Inhalationsdauer (6 Wochen) ist die Verteilung des Staubes mehr konzentriert auf die perivaskulären und peribronchialen Lymphknoten, die selbst stärker durchblutet und geschwollen sind. In ihnen sind weiter reichlich Phagozyten festzustellen, die viele kleine Staubteilchen in sich beherbergen (siehe Abb. 8, Tier 618).

Nach $2^1/_2$ Monaten ist der Lungenbefund fast ebenso, indem nämlich ebenfalls nur ein geringer Teil des Gewebes besonders subpleural und in den verdickten Alveolarsepten (mit Staub enthaltenden Phago- und Histiozyten) vorzugsweise um die großen Gefäße herum diese vorhin beschriebenen Staubreaktionsveränderungen erkennen lassen.

Die Erscheinungen nach 4 und $4^1/_2$monatiger Staubinhalation sind besonders charakterisiert durch die Indurationen zur Lungenwurzel hin im Bereich der großen Gefäße und Bronchien. Direkt in die Augen springend ist die Vergrößerung der peri-vaskulären und -bronchialen Lymphknoten, die viel staubführende Zellen enthalten. Dazwischen ist hin und wieder eine geringe Vermehrung der nach v. Gieson darstellbaren Bindegewebszellen zu konstatieren (geringe bindegewebige Proliferation besonders bei Kaninchen Nr. 559 und 358).

Das elastische Gewebe ist, wie früher schon gesagt, nur wenig destruiert (siehe Abb. 5b).

Die Lungen, die der Zementstaubinhalation ausgesetzt waren, zeigen fast dieselben Veränderungen wie die Tabaklungen. Die Zellreaktionen sind etwas intensiver (siehe Abb. 6), dafür liegt aber auch der Staub fast völlig intrazellulär in Alveolarepithelien, Phago- und Histiozyten.

Nach längerer Zeit fortgesetzter Inhalation traten auch die vergrößerten peri-vaskulären und -bronchialen Lymphknoten deutlich in die Erscheinung, in deren Zellen sich viel Staub fand (siehe Abb. 9, Kaninchen Nr. 575). Im Gegensatz zu den Tabakstaubpräparaten waren bei diesen Lungen in den Gefäßen selbst kaum Staubteilchen zu finden und außerdem höchst selten Exsudat festzustellen. Das elastische Gewebe zeigte an den Staubreaktionsstellen nur geringgradige Veränderungen, allerdings etwas mehr als nach Inhalation von Tabakstaub, wie überhaupt das Einatmen von Zement von einer etwas stärkeren Lungengewebsreaktion gefolgt war, was ja auch schon aus dem Vergleich der Abb. 6 mit den Bildern der Abb. 5 zu sehen ist. Makroskopisch sieht man die subpleuralen Herde als stecknadelkopfgroße Knötchen durchschimmern.

Diese Laboratoriumsversuchsergebnisse konnten vollkommen bestätigt werden durch Bestaubungsversuche, die im Werk II der Wicking-Portland-Zement und Wasserkalkwerke in Lengerich vorgenommen wurden. In besonderen, gut verschieblichen Tierkäfigen wurden in

Tabelle 2. Zementstaubtiere. (Fabrik.)

Nr.	Staubinhalationsdauer	Exitus	Pathologisch-anatomischer Befund
651	26. 7. bis 28. 10. 27 3 Monate Klinkergang	28. 10. 27 umgebracht	In beiden abhängigen Lungenpartien indurierte Stellen. Lungen etwas vergrößert. Ausgesprochene Pneumonokoniose ohne exsudative Prozesse. Staub innerhalb der Zellen, nicht allzugroße Mengen. An den befallenen Stellen die Elastika aufgesplittert. In der Hauptsache aber normales Lungengewebe.
652	26. 7. bis 28. 10. 27 3 Monate Klinkergang	28. 10. 27 umgebracht	Befund wie bei Nr. 651. Makroskopisch zeigen die Lungen viele stecknadelkopfgroße Staubherde.
655	26. 7. bis 28. 10. 27 3 Monate Packraum	28. 10. 27 umgebracht	Ein großer Teil des Lungengewebes erhalten, jedoch sind über die ganze Lunge verstreut kleine pneumonokoniotische Herde, die sich vor allen Dingen gegen die Lungenwurzel zu erheblich vermehren und um die Gefäße herum angeordnet liegen. Infolgedessen sind auch die Lymphknoten erheblich vergrößert und von Staub durchsetzt. Ebenso sieht man auch innerhalb der Gefäßzellen und im Gefäßlumen Staub liegen. Ganz wenig exsudative Prozesse. Lungen beiderseits vergrößert, von kleinen Staubherdchen durchsetzt. Bemerkenswert ist die harte Leber. Beim Schneiden Knirschgefühl.
656	26. 7. bis 28. 10. 27 3 Monate Packraum	28. 10. 27 umgebracht	Lungen beiderseits von kleinsten Herdchen durchsetzt. Überall starke Hyperämie und Ödembildung. Die an den Gefäßen gelegenen Lymphknoten sind vergrößert und staubhaltig.

zwei Versuchsserien Kaninchen einmal im Packraum direkt neben der Abfüllvorrichtung aufgestellt (siehe Abb. 10) und außerdem im Klinkergang neben der Zementmühle (siehe Abb. 11). Sie wurden dort in der ersten Versuchsreihe 3 Monate belassen und in der zweiten Serie 5 Monate lang. Die Lungen ließen sowohl makroskopisch wie mikroskopisch genau dieselben Veränderungen erkennen wie die Tiere in den Zementstaubinhalationstürmen in Münster.

Außerdem war festzustellen (siehe Tab. 2 und 3), daß die Veränderungen bei den Tieren intensivere waren, die die längere Zeit (also 5 Monate) in den Fabrikräumen gehalten waren. Bei den Tieren 831, 832 und 835 (siehe Tabelle 3) waren auch schon Andeutungen von Bindegewebsvermehrung deutlich sichtbar. während diese bei den Tieren 651, 652, 655 und 656 nach 3monatigem Fabrikaufenthalt noch nirgends zu erkennen war (siehe Tab. 2).

Bei den Tonschieferstaublungen sind nach $3^1/_2$wöchiger Inhalation die Veränderungen viel ausgebreiteter als bei den entsprechen-

Abb. 10. Versuchstiere im Packraum.

Abb. 11. Versuchstiere neben der Zementmühle.

Tabelle 3. Zementstaubtiere (Fabrik).

Nr.	Staubinhalationsdauer	Exitus	Pathologisch-anatomischer Befund
831	25. 11. 27 bis 25. 4. 28 Packraum	1. 5. 28 umgebracht	Teile des Lungengewebes sind gering pneumonokoniotisch verändert. Daneben stark veränderte Partien mit Zellinfiltration und starker Staubeinlagerung. Geringe Vermehrung der Bindegewebszellen. Staub hauptsächlich intrazellulär gelagert.
832	25. 11. 27 bis 25. 4. 28 Packraum	1. 5. 28 umgebracht	Genau derselbe Befund wie beim vorhergehenden Tier.
835	25. 11. 27 bis 25. 4. 28 Klinkergang an der Zementmühle	1. 5. 28 umgebracht	Hochgradige Pneumonokoniose mit ganz geringgradigen bindegewebigen und exsudativen Veränderungen vergesellschaftet. Staub reichlich über die ganze Lunge verstreut, sowohl intra- wie extrazellulär.
836	25. 11. 27 bis 24. 4. 28 Klinkergang an der Zementmühle	† 24. 3. 28	Das ganze Bild wird hier gestört durch eine Pneumonie, die interkurrent den Tod des Tieres herbeigeführt hat. Es lassen einzelne nicht befallene Stellen jedoch darauf schließen, daß auch bei dieser Lunge eine starke Pneumonokoniose stattgehabt hat.

den Tabak- und Zementstaubtieren (siehe Abb. 7). Nur sind die subpleuralen Staub- und Zellanhäufungen nicht so ausgesprochen, dafür aber in der Gegend um die größeren Gefäße und Bronchien herum. Dort zeigen sie starke Verbreiterung der Alveolarsepten mit Zellanhäufungen, außerdem sieht man sehr starke Hyperämie, sodaß an den Stellen die Alveolarepithelien kaum zu sehen sind. Weiter ist starke Ödembildung zu beobachten mit darin liegendem Staub, der übrigens ebenso wie bei der Tabaklunge in den Gefäßwänden und in den Luminis zu finden ist. Weiter liegt der Staub wieder frei in den Alveolarsepten und den Epithelien und teilweise im Alveolarlumen. Daneben beobachtet man Alveolen, die wie mit Staub austapeziert aussehen, und wieder andere, die desquamierte Epithelien und vereinzelte staubbeladene Staubzellen enthalten.

Dasselbe Bild zeigen die Tonschieferlungen nach $2^1/_2$ monatiger Bestaubung nur in ausgedehnterem Maße. Bemerkenswerterweise sieht man hier schon an vereinzelten Stellen mäßige bindegewebige Proliferation und an solchen pneumonokoniotisch veränderten Stellen eine Auffaserung und Zerstörung der elastischen Fasern. Neben diesen Veränderungen ist aber der größere Teil des Lungengewebes so gut wie unverändert.

Noch weiter vorgeschritten sind die Veränderungen nach 4monatiger Bestaubung. Auch bei diesen Tieren treten besonders deutlich die stark vergrößerten perivaskulären und -bronchialen Lymphknoten hervor, die ganz stark mit Staub beladen sind, wie das sehr schön vermittels der etwas modifizierten Leuchtbildmethode bei Dunkelfeldbeleuchtung und schwacher Vergrößerung ohne oberen Öltropfen an mit Alauncarmin gefärbten Präparaten zu sehen ist (siehe Abb. 13.) Die gleichzeitig mitgebrachte Aufnahme (siehe Abb. 12) zeigt den Tonschieferstaub innerhalb der verbreiterten Septen, in denen man in dem linken oberen Viertel eine derartige Staubanhäufung sieht, wie sie von Mavrogordato wohl als „Pseudotuberkel" bezeichnet wird.

Schließlich findet man, wie zu erwarten, in dem reaktiv-veränderten Lungengewebe fraglos eine geringgradige Vermehrung der Bindegewebszellen; sodann ist die Elastika verhältnismäßig gut in ihrer

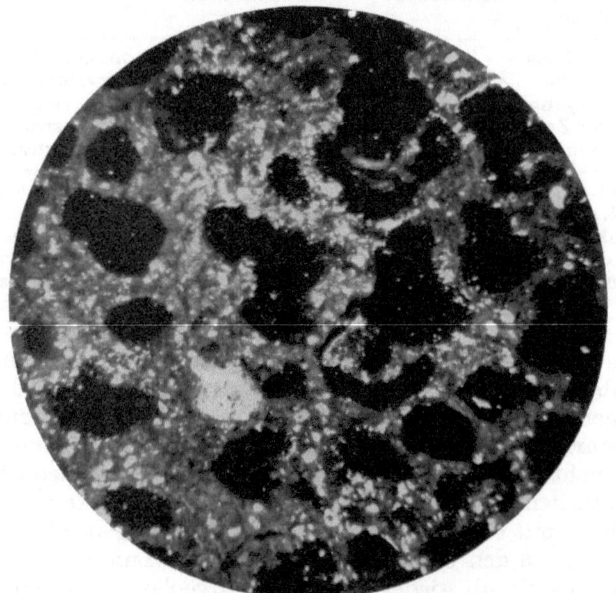

Abb. 12. Leuchtbild. Tonschieferstaublunge.

Struktur erhalten, nur an den stark veränderten Gewebsstellen ist eine Destruktion und Auffaserung der Elastika unverkennbar (siehe Abb. 7b).

Überblicken wir diese Lungenbefunde bei verschieden langer Bestaubung durch die drei Staubarten, so wird man zugeben müssen, daß die Veränderungen durchwegs denselben Charakter tragen, nur graduell sich unterscheiden. Am geringsten durch Tabak-, etwas mehr durch Zement und am meisten durch Tonschieferstaub, wie das ja auch entsprechend dem SiO_2-Gehalt zu erwarten war. Außerdem sind die Veränderungen fast genau dieselben, wie Jötten und Arnoldi sie bezüglich des Porzellanstaubes beschrieben haben. Die nach Tonschieferstaubinhalation erzielten Veränderungen sind vielleicht etwas intensivere als nach Einatmung des tonigeren Selber Porzellanstaubes II. Sie sind aber doch geringer als nach dem glasigen Porzellanstaub I.

Zement- und Tabakstaub rufen dagegen lange nicht so erhebliche Lungengewebsreaktionen hervor als der Selber Porzellanstaub II.

Bei allen drei Staubarten ist die Staubablagerung auch an den Verlauf des pulmonalen Lymphgefäßsystems gebunden; der Staub rückt darin auf die Lungenwurzel vor. Die Staubabführung geht unseres Erachtens am schnellsten beim Tabak- und dann beim Zementstaub vor sich, während der Tonschieferstaub sich ebenso verhält wie der Porzellanstaub II. Zu Bindegewebsbildungen kommt es im Verlaufe unserer Versuchsreihen ausgesprochener nur beim Tonschieferstaub, aber nur in einem solch geringen Ausmaße, sodaß von einer stärkeren binde-

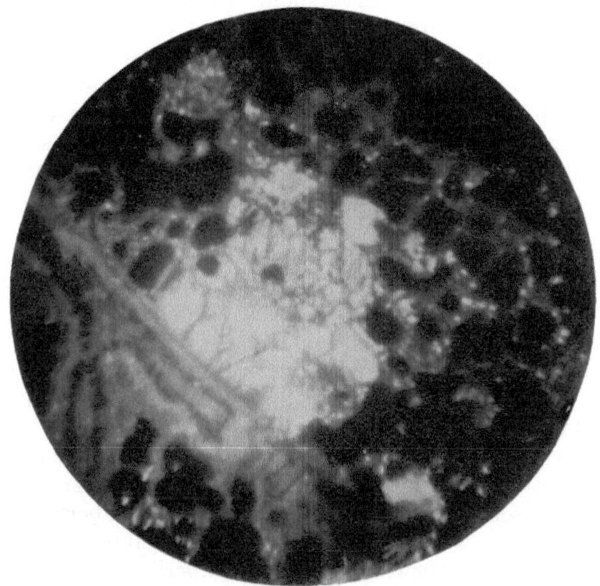

Abb. 13. Leuchtbild. Tonschieferstaublunge.

gewebigen Induration keinesfalls gesprochen werden kann. Auch hierin decken sich die früheren Versuchsergebnisse von Jötten und Arnoldi mit den unsrigen.

Alle diese Veränderungen, die durch die Staubinhalation in den Versuchstierlungen hervorgerufen werden, tragen schon einen gewissen pathologischen Charakter, sie bedingen aber nicht eine derartige Wirkung, daß eine unmittelbare Schädigung des tierischen Organismus hervorgerufen wird.

Mit wenigen Ausnahmen, die in der ersten Zeit der Staubinhalation an Pneumonie mit mehr oder weniger starken Bronchitiden eingegangen sind, vertrugen die Versuchstiere diese Inhalation ganz gut. Mehrere Kaninchen vertrugen anstandslos die Staubexposition über $^1/_2$ Jahr lang. Besonders hervorgehoben zu werden verdient die 5 Monate währende Unterbringung der Kaninchen im Klinkergang neben der Zementmühle, wo recht häufig eine derartige Staubatmosphäre vorherrschte, die die dort beschäftigten Arbeiter zwang, sich Säcke zum Schutz gegen den Staub über den Kopf zu ziehen. Wir glauben, diese praktischen Beobachtungen an Kaninchen dürften dartun, daß selbst große Mengen Staub ohne allzu große Reaktionen längere Zeit eingeatmet werden können.

4. Vergleichende Versuche über den Ablauf der experimentellen Lungentuberkulose nach Inhalation der drei verschiedenen Staubarten.

Nach Erledigung dieser Vorversuche, die sich mit der Einwirkung der drei verschiedenen Staubarten allein auf die Kaninchenlunge erstreckten, wurde nun in zahlreichen Vergleichsserien festzustellen versucht, wie sich die experimentell erzeugte Tuberkulose in solchen bestäubten Lungen entwickelte. Auch zu diesen Versuchen wurde aus den von Jötten und Arnoldi an anderem Ort auseinandergesetzten Gründen wieder das Kaninchen herangezogen. Nach monatelanger Staubinhalation wurden in denselben Staubinhalationstürmen die Tuberkelbazilleninhalation vorgenommen, nachdem an Stelle der Staubaufwirbelungsröhren zwischen Inhalationsturm und Doppelkompressor ein großes Verneblerelement S. C. III (von der Sauerstoffzentrale, Dr. Silten, Berlin) zwischengeschaltet war. Die genaue Versuchsanordnung ist aus der Abb. 16, S. 116 bei Jötten und Arnoldi zu ersehen. In das große Verneblerelement wurden zu Infektionszwecken durchwegs etwa 45 ccm physiologische NaCl-Lösung eingefüllt, die fein im Mörser zerriebene Tuberkelbazillen vom Typ. hum. Stamm Schröder-Mietsch-Baumgarten (gut kaninchenvirulent) enthielt. Die Tuberkelbazillendosis schwankte je nach der Zahl der zu infizierenden Versuchstiere zwischen 120—150 mg. Diese mit Tuberkelbazillen beschickte NaCl-Lösung wurde vermittels des Doppelkompressors in einen feinen Tröpfchennebel verwandelt. Die Tuberkelbazillen-Inhalationsdauer war durchschnittlich $^1/_2$ Stunde, in der ungefähr 10 ccm der Aufschwemmung vernebelt wurden. Diese Dosis reichte aus, um bei 8 Kaninchen, die pro Inhalation im Inhalationsturm saßen, innerhalb von 6—8 Wochen eine nicht zu stark ausgebreitete Lungentuberkulose hervorzurufen. Diese Tiere zeigten in den Lungen derartige Veränderungen, wie sie von Jötten und Arnoldi im Kapitel: „Das Kaninchen als Versuchstier der Wahl", S. 79—96 eingehend beschrieben worden sind.

Diese Veränderungen sind vorwiegend multipler, exsudativer und progredienter Natur. Die pathologisch-anatomischen Veränderungen bestehen meist in lobulären oder lobären spezifischen Pneumonien mit großzelligem Exsudat, Alveolarverfettung und Verkäsung; bei länger dauerndem Verlauf Auftreten von Kavernen. Daneben sind miliare Tuberkel zu beobachten mit Hepatisation der benachbarten Alveolen und zelliger Infiltration der Alveolarwände und schließlich Auftreten von produktiven neben exsudativen Veränderungen. Sodann sitzen die tuberkulösen Herde hauptsächlich unter der Pleura und um Bronchien und Gefäße herum.

Außerdem wurde die Infektion mit Tuberkelbazillen auch intravenös vorgenommen.. Die dadurch hervorgerufenen Lungenveränderungen waren dieselben wie nach äerogener Infektion, daneben waren gewöhnlich auch andere Organe tuberkulös erkrankt, besonders die Nieren in ihrer Rindensubstanz. Diese Intravenöse Infektionsdosis wurde im Laufe unserer Versuche immer mehr der äerogenen Form vorgezogen und zwar wegen der genaueren Dosierungsmöglichkeit. Diese letztere wurde immer notwengiger, da unser Stamm (Schröder-Mietsch-Baumgarten) in den letzten Jahren allmählich an Kaninchenvirulenz zunahm.

Weiter wurde diese bisher geschilderte Form der einmaligen Infektion, die ungefähr gegen Ende der Bestaubung erfolgte, immer mehr dahin geändert, daß die Kaninchen ungefähr 1 Monat vor Beginn der Staubinhalation einer Inhalation von ganz schwach kaninchenvirulenten Typ. hum.-Tuberkelbazillen ausgesetzt wurden. Versprayt wurden etwa 30 ccm NaCl-Aufschwemmung mit 200 mg Typ. hum. M. 1376 (Prof. Eber, Leipzig) in drei Inhalationstürmen, die mit 28 Kaninchen besetzt wurden. Auf jeden Inhalationsturm kam eine $^1/_2$ Stunde dauernde Versprayung.

Bei derartig vorbehandelten Kaninchen (Immuntieren?) setzte die zweite Infektion (Reinfektion), die durchschnittlich etwa 5 Monate später (gegen Ende der Bestaubungsversuche) vorgenommen wurde, andere tuberkulöse Veränderungen, die vorwiegend in Herden von tuberkulösem Granulationsgewebe bestanden und oft beträchtliche periphere Bindegewebsentwicklung aufwiesen (produktive Form). Zellige Exsudation fand sich gelegentlich nur in vereinzelten Alveolengruppen. Bei einzelnen Versuchstieren waren die Veränderungen auf subpleurale und peribronchiale Herde beschränkt, die scharf gegen die Umgebung abgesetzt einen bindegewebigen Randsaum erkennen ließen. Ein Teil dieser Tiere (besonders der unbestaubten Kontrollen) ließ trotz der Reinfektion so gut wie keine tuberkulösen Veränderungen erkennen, sodaß man wohl berechtigt ist, von einer Immunität gegen die tuberkulöse Reinfektion zu sprechen. Außerdem zeigte nur ein ganz kleiner Teil dieser vorinfizierten Tiere progredientere Prozesse, was wohl auf besonders individuelle Momente zurückzuführen sein dürfte.

Diese Versuchsanordnung wurde immer mehr herangezogen, einmal weil sie vielmehr der Lungentuberkulose des Erwachsenen entspricht und dann vor allem, weil mit ihr viel feinere Unterschiede bezüglich der durch Inhalation der verschiedenen Staubarten bedingten Staublungentuberkulose zu erkennen waren.

Nun zu den einzelnen Versuchsreihen:

Die Tabelle 4 bringt den Versuch Nr. 1, in dem $3^1/_2$ Monate lang 4 Kaninchen Zement-, 3 Tiere Tonschiefer- und 3 Tiere Tabakstaub inhaliert haben. Die Staubdichte in den Inhalationstürmen wurde während der ganzen Versuchszeit um etwa 65 mg pro Kubikmeter Kastenluft gehalten. Die Infektion erfolgte äerogen 2 1/2 Monate nach Beginn der Bestaubung. Sie wurde in zwei Inhalationstürmen vorgenommen, nachdem noch in jedem je 2 unbestaubte Kontrolltiere (329—332) mithineingesetzt waren. 120 mg Tuberkelbazillen Typ. hum. Srhröder-Mietsch-Baumgarten waren in 40 ccm NaCl-Lösung aufgeschwemmt und davon innerhalb von 30 Minuten in jedem Kasten je 10 ccm versprayt worden.

Die Staubinhalation wurde nach der Infektion nach ungefähr 5 Wochen weiter fortgesetzt und dann alle Versuchs- und Kontrolltiere 2 Monate später umgebracht, nachdem nur ein Tonschieferstaubtier (Nr. 324) schon 6 Wochen früher an einer ganz schweren Lungentuberkulose eingegangen war. Fast dieselben schweren Veränderungen zeigten, allerdings erst 6 Wochen später, auch die beiden anderen zugehörigen Tonschieferkaninchen Nr. 237 und 238. Guterhaltenes Lungengewebe war auch bei diesen Tieren nur noch ganz wenig vorhanden.

Anders dagegen bei den Zement- und Tabakstaubkaninchen, die zwar auch tuberkulöse Veränderungen in Gestalt von käsig pneumonischen Prozessen neben kleinen abgekapselten Tuberkeln mit und ohne Staubeinlagerungen vor allen um die Gefäße herum aufzuweisen hatten. Diese tuberkulösen Veränderungen hatten aber keine größeren Ausmaße angenommen als die der staubfreien Kontrolltiere, die unter D in der Tabelle 4 aufgeführt sind.

Dieser erste Versuch läßt also schon erkennen, daß der Staub, der über den höchsten Gehalt an SiO_2 verfügte (= Tonschiefer), eine deutliche Beförderung der Lungentuberkulose bedingt hat, während dieses sich bei den Versuchstieren, die Zement, also eine SiO_2-arme Staubart, oder Tabak (einen organischen Staub) inhaliert hatten, nicht feststellen ließ. Die Lungen dieser Tiere zeigten trotz ihrer geringen pneumonokoniotischen Veränderungen keine stärkeren tuberkulösen Erkrankungen als die Kontrolltiere, die nur einer Tuberkelbazillen- nicht aber einer Staubinhalation ausgesetzt gewesen waren.

Ein zweiter Versuch, der ganz in derselben Weise gleichzeitig angestellt wurde, nur mit der anderen Infektionsform auf intravenösem Wege, bei der jedes Versuchstier und zwei Kontrollen je 1/10 mg Kultur (Typ. hum. Schröder-Mietsch-Baumgarten) intravenös erhalten hatte, führte zu demselben Ergebnis. Die hierbei wieder gefundenen Unterschiede in der Ausbreitung der Tuberkulose bei den verschiedenen Serien, ließen sich bereits 6 Wochen vor dem Tode vermittels Röntgendurchleuchtung (näheres siebe bei Jötten und Arnoldi) erheben (siehe Tabelle 5).

Eine sehr wichtige und interessante Versuchsserie bringt die Tabelle 6.

Wie derselben in Versuch Nr. 3 zu entnehmen ist, wurden zunächst 8 Kaninchen einer 4monatigen Inhalation mit den drei Staubarten aus-

Tabelle 4. Versuch Nr. 1. Vergleichende Versuche über den Ablauf der Lungentuberkulose bei einzeitiger Infektion nach Staubinhalation.

Nr.	Staubinhalation	Infektion	Röntgenbild	Exitus	Pathologisch-anatomischer Befund	Tb.
					A. Inhalation mit Zement.	
226	22. 6. bis 7 9. 26 20. 9. bis 23. 10. 26	Inh. 10. 9. 26 Schr. M. 120 mgr	26. 10. 26 (+ + +)	umgebracht 10. 12. 26	Makroskop. In beiden Lungen mäßig stark ausgebildete Tuberkulose. Noch reichlich gut erhaltenes Lungengewebe. Alle übrigen Organe frei von Tuberkulose. Mikroskop. Im etwas pneumonokoniotischen verändert. Lungengewebe kleine abgekapselte Tuberkel, neben käsig pneumonischen Veränderungen. Reichlich Staubeinlagerungen. Geringe Ödembildung.	+ +(+)
227	22. 6. bis 7. 9. 26 20. 9. bis 23. 10. 26	Inh. 10. 9. 26 Schr. M. 120 mgr	26. 10. 26 (+ +)	umgebracht 10. 12. 26	Makroskop. In beiden Lungen mäßig stark ausgebildete Tbc. Das Lungengewebe zum großen Teil gut erhalten. Nieren beiderseits von Herden durchsetzt. Mikroskop. Leichte Pneumonokoniose. Um die Gefäße herum zahlreiche konfluierende Tuberkel.	(+ +)
228	22. 6. bis 7. 9. 26 20. 9. bis 23. 10. 26	Inh. 10. 9. 26 Schr. M. 120 mgr	26. 10. 26 (+ +)	umgebracht 10. 12. 26	Makroskop. Ganz wenig tuberkulöse Herde in den Lungen. Fast $^{9}/_{10}$ des Gewebes erhalten. Vereinzelte Nierenherde. Mikroskop. Vereinzelte Tuberkel in wenig verändertem pneumonokoniotischem Gewebe.	+
229	22. 6. bis 7. 9. 26 20. 9. bis 23. 10. 26	Inh. 10. 9. 26 Schr. M. 120 mgr	26. 10. 26 (+ + +)	umgebracht 10. 12. 26	Makroskop. Mäßige Tuberkulose beider Lungen. Lungengewebe zum großen Teil gut erhalten. Zahlreiche Nierentuberkel. Mikroskop. Neben reichlich unverändertem Lungengewebe, einzelne nicht konfluirende Tuberkel, die z. T. verkäst sind, neben Ödem.	+ +
					B. Inhalation von Tonschiefer.	
237	22. 6. bis 7. 9. 26 20. 9. bis 23. 10. 26	Inh. 10. 9. 26 Schr. M. 120 mgr	26. 10. 26 +	umgebracht 10. 12. 26	Makroskop. Lungen ungefähr ums Doppelte vergrößert und von vielen z. T. konfluierenden Tuberkeln durchsetzt. Ausgebreitete Nierentuberkulose. Mikroskop. Viel käsig pneumonische Prozesse mit starken Staubeinlagerungen.	+ + +
238	22. 6. bis 7. 9. 26 20. 9. bis 23. 10. 26	Inh. 10. 9. 26 Schr. M. 120 mgr	26. 10. 26 + +	umgebracht 10. 12. 26	Makroskop. und mikroskopisch noch stärkere Veränderungen wie bei Nr. 237.	+ + +(+)
324	1. 7. bis 7. 9. 26 20. 9. bis 23. 10. 26	Inh. 10. 9. 26 Schr. M. 120 mgr	26. 10. 26 + + + +	† 26. 10. 26	Makroskop. und mikroskopisch noch ausgesprochen stärkere Veränderungen wie bei Nr 237. Normales Lungengewebe soviel wie gar nicht mehr vorhanden.	+ + + +

Tabelle 4. (Fortsetzung.)

Nr.	Staub-inhalation	Infektion	Röntgen-bild	Exitus	Pathologisch-anatomischer Befund	Tb.
					C. Inhalation von Tabak.	
245	22. 6. bis 7. 9. 26 20. 9. bis 23. 10. 26	Inh. 10. 9. 26 Schr. M. 120 mgr	26. 10. 26 + + +	umge-bracht 10. 12. 26	Makroskop. Ausgebreitete Lungentuberkulose beiderseits. Nieren ganz vereinzelte Herde. Mikroskop. Im pneumonokoniotisch veränderten Gewebe zahlreiche verkäste Tuberkel. Der größte Teil des Lungengewebes ist unverändert.	+ + +
246	22. 6. bis 7. 9. 26 20. 9. bis 23. 10. 26	Inh. 10. 9. 26 Schr. M. 120 mgr	26. 10. 26 + +	umge-bracht 10. 12. 26	Makroskop. Niere links um das Doppelte vergrößert; linsen- bis erbsengroße Herde darin. Rechts ebenso. In der Milz 2 Herde. Mäßig ausgebreitete Tuberkulose. Mikroskop. Im ziemlich stark pneumonokoniotisch veränderten Lungengewebe viel Staubeinlagerungen und nur wenig vereinzelt Tuberkel.	+ +
247	1. 7. bis 7. 9. 26 20. 9. bis 23. 10. 26	Inh. 10. 9. 20 Schr. M. 120 mgr	26. 10. 26 +	umge-bracht 10. 12. 26	Makroskop. Vereinzelte tuberkulöse Herde in den Lungen, die selbst zum größten Teil frei sind. Mikroskop. Das Lungengewebe zeigt viele pneumonokoniotische Veränderungen, dagegen weniger tuberkulöse Knötchen, die lediglich um die Gefäße angeordnet sind.	(+)
					D. Staubfreie Kontrollen.	
329	—	Inh. 10. 9. 26. Schr. M. 120 mgr	26. 10. 26 —	umge-bracht 10. 12. 26	Makroskop. Kleinste Tuberkel über beiden Lungen. Der Hauptteil des Gewebes ist normal. Keine Nierenherde. Mikroskop. sind nur geringe tuberkulöse Veränderungen festzustellen.	(+)
330	—	Inh. 10. 9. 26 Schr. M. 120 mgr	26. 10. 26 +	umge-bracht 10. 12. 26	Makroskop. Ganz ausgebreitete Lungentuberkulose beiderseits. Ganz vereinzelte Nierenherde. Mikroskop. Ausgebreitete käsige Pneumonie.	+ + +
331	—	Inh. 10. 9. 26 Schr. M. 120 mgr	26. 10. 26 ±	umge-bracht 10. 12. 26	Makroskop. Beide Lungen von vielen Herden durchsetzt, dazwischen aber noch reichlich gesundes Gewebe. Nierenherde zahlreich. Mikroskop. Viel gut erhaltenes Lungengewebe. Besonders um die Gefäße zusammenfließende verkäste Tuberkel. Im übrigen Lungengewebe kleine Tuberkel.	(+ +)
332	—	Inh. 10. 9. 26 Schr. M. 120 mgr	±	umge-bracht 10. 12. 26	Makroskop. Vereinzelte bis linsengroße Herde in beiden Lungen. Nieren frei. Mikroskop. Große verkäste Tuberkel im zum Teil gut erhaltenen Lungengewebe.	(+ +)

Tabelle 5. Versuch Nr. 2. Vergleichende Versuche über den Ablauf der Lungentuberkulose bei einzeitiger Infektion nach Staubinhalation.

Nr.	Staub-inhalation	Infektion	Röntgen-bild	Exitus	Pathologisch-anatomischer Befund	Tb.
					A. Inhalation von Zement.	
231	22. 6. bis 7. 9. 26 20. 9. bis 23. 10. 26	20. 9. 26 $^1/_{10}$ mg Schr. M. i. v.	27. 10. 26 + +	† 10. 12. 26	Makroskop. Über beiden Lungen stecknadelkopf- bis linsenkorngroße Tuberkel, neben reichlich gut erhaltenen Lungengeweben. Neben den Lungenherden reichlich Zementflecke sichtbar. Kleinere Herde in beiden Nieren. Mikroskop. Über die ganze Lunge pneumonokoniotische Herde verstreut, in deren Bereich sich Tuberkel entwickelt haben. Innerhalb der Tuberkel Staubanlagerung.	+
232	22. 6. bis 7. 9. 26 20. 9. bis 23. 10. 26	20. 9. 26 $^1/_{10}$ mg Schr. M. i. v.	27. 10. 26 + + +	† 27. 10. 26	Makroskop. In beiden Lungen multiple Tuberkel, in deren Zentrum Zement sichtbar ist. Tracheitis purulenta. In den Nieren vereinzelte Knötchen. Mikroskop. Zahlreich verkäste Tuberkel (große), die im Anschluß an die pneumonokoniotischen Stellen entstanden sind. Daneben vereinzelt exsudative Prozesse. Staubeinlagerungen am Rande der Tuberkel.	+ + +
					B. Inhalation von Tonschiefer.	
240	22. 6. bis 7. 9. 26 20. 9. bis 23. 10. 26	20. 9. 26 $^1/_{10}$ mg Schr. M. i. v.	27. 10. 26 + + + +	† 10. 12. 26	Makroskop. Beiderseits stark ausgebreitete Lungentuberkel. In den einzelnen Tuberkeln graue, schwärzliche Gesteinseinlagerungen sichtbar. In beiden Nieren sehr viele tuberkulöse Herde. Mikroskop. Wenig unverändertes Lungengewebe. Sehr stark von pneumonokoniotischen Herden durchsetzt, in denen sich sehr viel verkäste Tuberkel gebildet haben. Staubeinlagerungen wenig sichtbar.	+ + + +
241	22. 6. bis 7. 9. 26 20. 9. bis 23. 10. 26	20. 9. 26 $^1/_{10}$ mg Schr. M. i. v.	27. 10. 26 + + + +	† 30. 11. 26	Makroskop. Lungen ungefähr ums Doppelte vergrößert. Beiderseits fast ganz von hirsekorngroßen Tuberkeln durchsetzt. Beide Nieren zeigen zahlreich subkapsuläre Tuberkel. Stark abgemagert. Rhinitis purulenta und Conjunctivitis purulenta beiderseits. Mikroskop. Sehr stark verkäste Konglomerattuberkel. Daneben Ödembildung.	+ + + +

Tabelle 5. (Fortsetzung.)

Nr.	Staub-inhalation	Infektion	Röntgen-bild	Exitus	Pathologisch-anatomischer Befund	Tb.
					C. Inhalation von Tabak.	
248	22. 6. bis 7. 9. 26 20. 9. bis 23. 10. 26	20. 9. 26 $^1/_{10}$ mg Schr. M. i. v.	27. 10. 26 + +	† 10. 12. 26	Makroskop. Ziemlich starke, über beide Lungen ausgebreitete Tuberkulose. Beide Nieren frei, ebenso die anderen Organe. Mikroskop. Sehr viel unverändertes Lungengewebe. Daneben reichlich pneumonokoniotische Veränderungen mit starken Staubeinlagerungen und verkästen Tuberkeln.	+ + (+)
249	22. 6. bis 7. 9. 26 20. 9. bis 23. 10. 26	20. 9. 26 $^1/_{10}$ mg Schr. M. i. v.	27. 10. 26 + +	† 10. 12. 26	Makroskop. Die Veränderungen sind nicht ganz so stark wie bei Nr. 248. Nieren frei. Mikroskop. Ziemlich stark ausgesprochene Pneumonokoniose; besonders unter dem Pleuraüberzug viel kleine, z. T. verkäste Tuberkel, die im Innern des Lungengewebes viel weniger zahlreich sind.	+ +
					D. Staubfreie Kontrollen.	
354	—	20. 9. 26 $^1/_{10}$ mg Schr. M. i. v.	27. 10. 26 + + +	† 10. 12. 26	Makroskop. Sehr stark ausgebreitete Tuberkulose über beide Lungen. Die Lungen selbst ungefähr ums Doppelte bis Dreifache vergrößert. Nierenherde in außerordentlicher Anzahl. Mikroskop. Normales Lungengewebe so gut wie gar nicht vorhanden, dagegen fast alles ersetzt durch käsig pneumonische Prozesse. Dazwischen vereinzelt exsudative Herde.	+ + + (+)
355	—	20. 9. 26 $^1/_{10}$ mg Schr. M. i. v.	27. 10. 26 +	† 10. 12. 26	Makroskop. Mäßig ausgebreitete Lungentuberkulose beiderseits. Nieren und übrige Organe frei. Mikroskop. Wenig tuberkulös verändertes Lungengewebe. Daneben einzelne verkäste Tuberkel.	(+ +)

Tabelle 6. Versuch Nr. 3. **Vergleichende Versuche über den Ablauf der Lungentuberkulose bei einzeitiger Infektion nach Staubinhalation.**

Nr.	Staub-inhalation	Infektion	Röntgen-bild	Exitus	Pathologisch-anatomischer Befund	Tb.
					A. Inhalation von Zement.	
369	24. 11. bis 11. 12. 26 12. 1. bis 6. 4. 27 13. 4. bis 30. 4. 27	Inh. 8. 4. 27 150 mg Schr. M.	6. 4. 27 —	um-gebracht 21. 5. 27	Die Lungen sind ums Doppelte vergrößert und ganz von grauen glasigen Knoten durchsetzt, die größtenteils ineinander übergehen. Nur $^1/_3$ des normalen Lungengewebes ist erhalten. Mikroskopisch sieht man Tuberkel neben großen käsig pneumonischen Prozessen. Kleine Herde in der Niere.	+ + +
373	24. 11. bis 21. 12. 26 11. 1. bis 6. 4. 27. 13. 4. bis 30. 4. 27	Inh. 8. 4. 27 150 mg Schr. M.	6. 4. 27 — s. Abb.	um-gebracht 18. 5. 27	Lunge höchstens um $^1/_3$ vergrößert, von graugelblichen glasigen linsengroßen Knötchen durchsetzt. $^2/_3$ des Gewebes erhalten. Mikroskopisch sieht man inmitten pneumonokoniotischen Gewebes exsudative Prozesse mit Tuberkelentwicklung, die sich in Verkäsung befinden. Ein typisches Bild exsudativer Prozesse bei nicht vorimunisierten Staubtieren.	+ +
374	24. 11. bis 21. 12. 26 11. 1. bis 6. 4. 27 13. 4. bis 30. 4. 27.	Inh. 8. 4. 27 150 mg Schr. M.	6. 4. 27 —	† 5. 5. 27	In beiden Lungen ganz ausgebreitete ineinander übergehende Lungenherde, die mikroskopisch aus käsig-pneumonischen Prozessen bestehen. Die exsudative Form läßt sich hier weniger häufig beobachten als bei Nr. 373.	+ + +

Tabelle 6. (Fortsetzung.)

Nr.	Staubinhalation	Infektion	Röntgenbild	Rxitus	Pathologisch-anatomischer Befund	Tb.
					B. Inhalation von Tonschiefer.	
365	24. 11. bis 21. 12. 26 11. 1. bis 6. 4. 27 13- 4. bis 30. 4. 27	Inh. 8. 4. 27 150 mg Schr. M.	6. 4. 27 —	† 16. 5. 27	Lungen ums Doppelte vergrößert, von linsengroßen Knötchen ganz durchsetzt, die z. T. ineinander übergehen. Etwa $^1/_4$ des Lungengewebes normal. Mikroskopisch sieht man weit ausgedehnte käsig-pneumonische Prozesse neben geringer Ödembildung. Organe o. B.	+ + + +
366	24. 11. bis 21. 12. 26 11. 1. bis 6. 4. 27 13. 4. bis 30. 4. 27	Inh. 8. 4. 27 150 mg Schr. M.	6. 4. 27 —	um- geoıacht 18 5. 27	Lungen ungefähr ums 3fache vergrößert, von grauschwarz-glasigen bis linsengroßen Knoten durchsetzt. $^1/_3$ des Lungengewebes normal. Mikroskopisch: Inmitten pneumonokoniotischer Prozesse sieht man verkäste Tuberkel neben größeren käsig-pneumonischen Prozessen. Exsudative Veränderungen hin und wieder sichtbar. Organe: o. B. (s. Abb.).	(+ + + +)
377	24. 11. bis 21. 12. 26 11. 1. bis 6. 4. 27 13. 4. bis 30. 4. 27	Inh. 8. 4. 27 150 mg Schr. M.	6. 4. 27 —	um- gel racht 18 5. 27	Makroskopischer und mikroskopischer Befund ähnlich wie bei Nr. 366. Organe: o. B.	(+ + + +)

Tabelle 6. (Fortsetzung.)

Nr.	Staub-inhalation	Infektion	Röntgen-bild	Exitus	Pathologisch-anatomischer Befund	Tb.
					C. Inhalation von Tabak.	
360	24. 11. bis 21. 12. 26 11. 1. bis 6. 4. 27 13. 4. bis 30. 4. 27	Inh. 8. 4. 27. 150 mg Schr. M.	6. 4. 27 —	um-gebracht 18. 5. 27	Lungen ungefähr ums Dreifache vergrößert, ganz von großen, glasigen, grauen, in der Mitte gelbich tingierten Herden durchsetzt. Nur $^1/_3$ des Lungengewebes ist noch normal. Mikroskopisch sieht man in pneumonokoniotischem Gewebe vereinzelte verkäste Tuberkeln, daneben aber in größerem Umfange ineinander übergehende käsig-pneumonische Prozesse. Organe: o. B.	+ + +
381	24. 11. bis 21. 12. 26 11. 1. bis 6. 4. 27 13. 4. bis 30. 4. 27	Inh. 8. 4. 27 150 mg Schr. M.	6. 4. 27 —	um-gebracht 18. 5. 27	Lungen ums Doppelte vergrößert, beiderseits von linsengroßen, grauen, glasigen, größtenteils ineinander überfließenden Knötchen durchsetzt. Höchstens $^1/_4$ des Lungengewebes ist normal. Mikroskopisch: Verkäste Tuberkel und käsig-pneumonische Prozesse. (S. Abb.).	+ + +
					D. Inhalation von Zement.	
347	24. 11. bis 21. 12. 26 11. 1. bis 6. 4. 27 13. 4. bis 30. 4. 27	1.) 10. 9. 26 Typ. hum. 2.) Inh. 8. 4. 27	6. 4. 27 —	um-gebracht 9. 5. 27	Lungen: Beiderseits von mäßig vielen, bis linsengroßen Herden durchsetzt; daneben in reichlicher Menge graue, stecknadelkopfgroße Zementeinlagerungen. (Tuberkel.) Mikroskopisch: Neben intaktem Lungengewebe finden sich viele pneumonokoniotische Veränderungen, in denen sich Tuberkel entwickelt haben. In der Mitte derselben finden sich reichlich Staubeinlagerungen; außerdem bemerkt man innerhalb der Tuberkel eine Bindegewebsbildung, die vor allem in dem äußeren Teil derselben deutlich wird. Organe: o. B. Nieren: frei.	(+ +)
399	24. 11. bis 21. 12. 26 11. 1. bis 6. 4. 27 13. 4. bis 30. 4. 27	1.) 10. 9. 26 Typ. hum. 2.) Inh. 8. 4. 27	6. 4. 27 —	um-gebracht 18. 5. 27	Lungen: Etwas vergrößert und beiderseits von grauen, glasigen Knötchen (Tuberkeln) durchsetzt. Mikroskopisch: Befund ausgeprägter als bei Nr. 347. Die Tuberkel sind zahlreicher und fast doppelt so groß. In beiden Nieren kleine Tuberkeln. Coccidiose der Leber und des großen Netzes. Siehe Abb.	+ +
349	24. 11. bis 21. 12. 26 11. 1. bis 6. 4. 27 13. 4. bis 30. 4. 27	1.) 10. 11. 26 Typ. hum. 2.) Inh. 8. 4. 27	6. 4. 27 —	um-gebracht 18. 5. 27	Lungenveränderungen wie bei Nr. 347. Nieren frei. Starke Coccidiose der Leber und des großen Netzes.	

Tabelle 6. (Fortsetzung.)

Nr.	Staub-inhalation	Infektion	Röntgen-bild	Exitus	Pathologisch-anatomischer Befund	Tb.
					E. Inhalation von Tonschiefer.	
340	24. 11. bis 21. 12. 26 11. 1. bis 6. 4. 27 13. 4. bis 30. 4. 27	1.) 10. 9. 26 Typ. hum. 2.) Inh. 8. 4. 27	6. 4. 27 — s. Abb.	um-gebracht 9. 5. 27	Lungen: Beiderseits um $^1/_3$ vergrößert und von grauschwarz-glasigen Knötchen (Tuberkel um die Staubeinlagerungen herum) durchsetzt. Mikroskopisch: Neben wenig intaktem Lungengewebe finden sich viele pneumonokoniotische Veränderungen, in denen sich zahlreiche Tuberkel entwickelt haben. In diesen wie in den stark verbreiterten Alveolarsepten finden sich zahlreiche Staubeinlagerungen. In den Alveolarseptenverdickungen ist Bindegewebe festzustellen. Organe: frei.	+ +
341	24. 11. bis 21. 12. 26 11. 1. bis 6. 4. 27. 13. 4. bis 30. 4. 27	1.) 10. 9. 26 Typ. hum. 2.) Inh. 8. 4. 27	6. 4. 27 —	um-gebracht 9. 5. 27	Lungen: Beiderseits fast ums Doppelte vergrößert, von kleinen grauen Herden durchsetzt. Daneben über die ganze Lunge verbreitet grauglasige Knötchen mit verkästem Zentrum. Mikroskopisch: Die gleichen Veränderungen wie bei Nr. 340, nur lassen die Tuberkel ausgesprochenere und ausgebreitetere Verkäsung erkennen. Überall in pneumonokoniotischem Gewebe zahlreiche nene Bindegewebszellen und -fasern. Organe: Nieren von kleinen Herden durchsetzt, ebenso zeigt die Leber vereinzelte grauweiße Knötchen.	(+ + + +)
342	24. 11. bis 21. 12. 26 11. 1. bis 6. 4. 27 13. 4. bis 30. 4. 27	1.) 10. 9. 26 Typ. hum. 2.) Inh. 8. 4. 27	6. 4. 27 —	um-gebracht 9. 5. 27	Befund der Lungen wie bei Nr. 341. Organe: frei.	+ + +

Tabelle 6. (Fortsetzung.)

Nr.	Staub-inhalation	Infektion	Röntgen-bild	Exitus	Pathologisch-anatomischer Befund	Tb.
					F. Inhalation von Tabak.	
334	9. 11. bis 21. 12. 26 3. 1. bis 6. 4. 27 13. 4. bis 30. 5. 27	1.) 10. 9. 26 Typ. hum. 2.) Inh. 8. 4. 27 150 mg	6. 4. 27 —	um-gebracht 18. 5. 27	Lungen: Von normaler Größe; beiderseits von vereinzelten grau-grünglasigen Knötchen (Tuberkeln) durchsetzt. Inmitten dieser Knötchen, die hauptsächlich in der Umgebung der Gefäße zu finden sind, findet sich reichliche Staubeinlagerung, die ebenso in den verdickten Septen in die Erscheinung tritt. Deutliche Bindegewebsbildung inner- und außerhalb der Tuberkel, diese Bindegewebsentwicklung findet sich auch in den verdickten Alveolarsepten und den starken pneumonokoniotischen Veränderungen. Organe: o. B.	±
335	9. 11. bis 21. 12. 26 3. 1. bis 6. 4. 27 13. 4. bis 30. 5. 27	1.) 10. 9. 26 Typ. hum. 2.) Inh. 8. 4. 27 150 mg	6. 4. 27 —	um-gebracht 18. 5. 27	Befund wie Nr. 334. Vereinzelte Nierenherde. Etwa $^7/_8$ des Lungengewebes normal.	+ +
336	9. 11. bis 21. 12. 26 3. 1. bis 6. 4. 27 13. 4. bis 30. 5. 27	1.) 10. 9. 26 Typ. hum. 2.) Inh. 8. 4. 27 150 mg	6. 4. 27 —	um-gebracht 18. 5. 27	Lungen: Von normaler Größe, von vereinzelten bis erbsengroßen, graugelbschwarzen Herden (Tuberkeln) durchsetzt. Etwa $^5/_6$ des Lungengewebes intakt. Mikroskopischer Befund wie bei Nr. 334. Organe: o. B. Siehe Abb.	(+ +)

Tabelle 6. (Fortsetzung.)

Nr.	Staub-inhalation	Infektion	Röntgen-bild	Exitus	Pathologisch-anatomischer Befund	Tb.
					G. Staubfreie Kontrollen.	
406	—	Inh. 8. 4. 27 Schr. M. 150 mg	—	umgebracht 18. 5. 27	Beide Lungen in den oberen Teilen von linsenkorngroßen gelblichen Herden durchsetzt (Tuberkel verkäst). Nieren frei, Milz und Leber: o. B.	(+ +)
407	—	Inh. 8. 4. 27 Schr. M. 150 mg	—	umgebracht 18. 5. 27	Lungenbefund wie bei Nr. 406. Organe frei.	(+)
408	—	Inh. 8. 4. 27 Schr. M. 150 mg	—	umgebracht 18. 5. 27	Lungen von normaler Größe, beiderseits von etwa 50 linsenkorngroßen, gelblichen Herden (verkäste Tuberkel) durchsetzt. Milz, Leber, Nieren frei.	(+ +)
403	—	Inh. 8. 4. 27 Schr. M. 150 mg	—	umgebracht 18. 5. 27	Lunge etwas vergrößert, in beiden vereinzelte bis erbsengroße, graugelbe Knötchen (verkäste Tuberkel). Etwa $^{7}/_{8}$ der Lungen normal. Niere, Milz, Organe: o. B.	(+ +)
404	—	Inh. 8. 4. 27 Schr. M. 150 mg	—	umgebracht 18. 5. 27	In den nicht vergrößerten Lungen vereinzelte hirsekorngroße Herde, die aus kleinsten verkästen Tuberkeln bestehen. Niere, Milz, Organe: o. B.	+ +

Tabelle 6. (Fortsetzung.)

Nr.	Staub-inhalation	Infektion	Röntgen-bild	Exitus	Pathologisch-anatomischer Befund	Tb.
					G. Staubfreie Kontrollen.	
405	—	Inh. 8. 4. 27 150 mg	—	umgebracht 18. 5. 27	Lungen: Etwas vergrößert, beiderseits von linsen- bis erbsengroßen Herden durchsetzt (verkäste Tuberkel). $^3/_5$ der Lungen normal. Peritonitis, Milz und Nieren frei, im übrigen o. B.	(+ + +)
400	—	Inh. 8. 4. 27 150 mg	—	umgebracht 6. 5. 27	In beiden Lungen vereinzelte perlgroße, graue Knötchen, die mikroskopisch Tuberkel in käsigem Zerfall erkennen lassen. Milz ums Doppelte vergrößert, zum größten Teil von ganz großen, gelblichen Herden durchsetzt. Am Peritoneum vereinzelte Coccidien. Nieren frei. Leber: o. B.	+ +
401	—	Inh. 8. 4. 27 150 mg	—	umgebracht 6. 5. 27	Über beide Lungen kleine, bis linsenkorngroße Herde verbreitet, die mikroskopisch dasselbe zeigen wie bei Nr. 400. Kleine Herde in den Nieren, sonst o. B.	+ +
402	—	Inh. 8. 4. 27 150 mg	—	umgebracht 18. 5. 27	Lungen kaum vergrößert. In beiden Lungen verstreut linsengroße gelbliche Knötchen, die mikroskopisch verkäste Tuberkel erkennen lassen. $^5/_6$ der Lungen normal. — Milz, Leber Niere: o. B. Peritonitis exsudativa.	(+ +)

gesetzt und dann zusammen mit 4 Kontrollen einer äerogenen Infektion mit Tuberkelbazillen unterzogen. Die Dosierung war dabei so, daß wieder in 45 ccm NaCl-Lösung 150 mg Tuberkelbazillen (Typ. hum. Schröder-Mietsch-Baumgarten) aufgeschwemmt und davon auf insgesamt 26 Versuchstiere (siehe Tabelle 6, Versuch Nr. 4) in drei Inhalationstürmen je 10 ccm in je $^1/_2$ Stunde vernebelt wurden. Die Staubtiere inhalierten dann 7 Tage später noch 3 Wochen lang die zugehörigen verschiedenen Staubsorten. Diese Serie ergibt wieder eine stärkere Schädigung der Kaninchenlungen Nr. 365, 366 und 377, die den Tonschieferstaub eingeatmet hatten. Aber auch die Tiere, die dem Zement- und Tabakstaub ebenso lange Zeit ausgesetzt waren, lassen in dieser Reihe eine leichte Beförderung der experimentellen Lungentuberkulose durch die vorangegangene Staubeinatmung erkennen, die infolge des Auftretens ausgebreiteter exsudativer Erkrankungsformen manchmal eine Entscheidung bezüglich der graduellen Ausbreitung unter den verschiedenen Staubtieren außerordentlich erschwerte. Viel besser läßt sich dagegen wieder die unterschiedliche Wirkung der drei verschiedenen Staubarten bei der Versuchsanordnung des Versuches Nr. 4 (Tabelle 6) erkennen. Die Tiere sind in genau ebenderselben Weise vorbehandelt wie die Kaninchen des Versuches Nr. 3, nur mit dem Unterschied, daß sie zwei Monate vor Beginn der Bestaubung einer äerogenen immunisierenden Vorbehandlung mit der eingangs dieses Kapitels geschilderten blanden Tuberkelbazillendosis von Typ. hum. M. 1376 ausgesetzt waren. Etwa 3 Wochen vor der Beendigung der Bestäubung wurden sie zusammen mit den Tieren des Versuchs Nr. 3 reinfiziert. Die Unterschiede der Wirkung der drei verschiedenen Staubarten treten in dieser Versuchsreihe recht markant in die Erscheinung, wie es ein Blick auf die beigegebene Tabelle 6, Kolonne Tb lehrt.

Noch deutlicher kommt das zum Ausdruck bei einem Vergleich der Lungenschnitte, die bei Lupenvergrößerung photographiert sind.

Ausgesprochen konfluierende exsudative Prozesse (siehe Abb. 20—22), die wesentlich ausgedehnter sind als bei den Lungenschnitten der staubfreien Kontrolltiere, sieht man nur bei den Tonschiefertieren 340, 341 und 342, während bei den Zement- (347, 349, 399, Abb. 14—16) und den Tabakstaublungenschnitten (334, 335 und 336, Abb. 17—19) die kleineren zirkumskripteren Tuberkel vorherrschend sind. Entsprechend diesen Befunden findet man bei den Zement- und Tabakstaublungen (siehe Tabelle 6, pathologisch-anatomischer Befund) um und innerhalb der Tuberkel deutliche Bindegewebsbildung. Diese Bindegewebsentwicklung findet sich auch in den verdickten Alveolarsepten und den stärker pneumonokoniotisch veränderten anderen Lungenstellen. Diese Vermehrung der Bindegewebszellen und Fasern findet sich auch, aber lange nicht in dem Maße, bei den Tonschieferimmunlungen (siehe Tabelle 6).

Besonders schön ist der Einfluß der immunisierenden äerogenen Vorbehandlung für die Entwicklung der späteren experimentellen Staub-

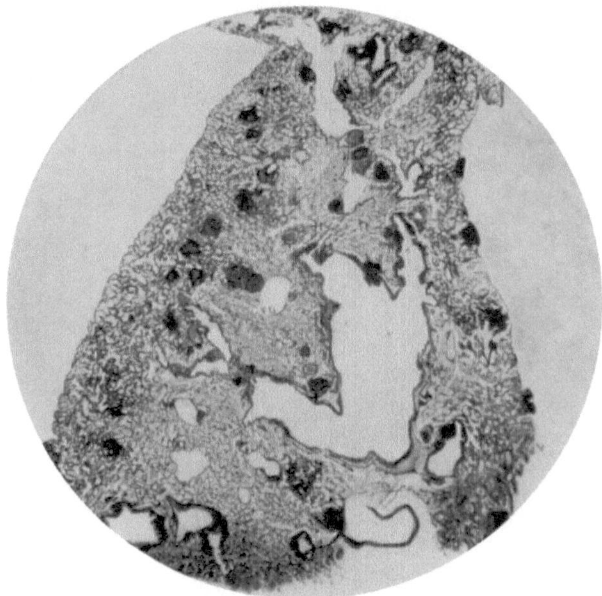

Abb. 14. Zement-Kaninchen.

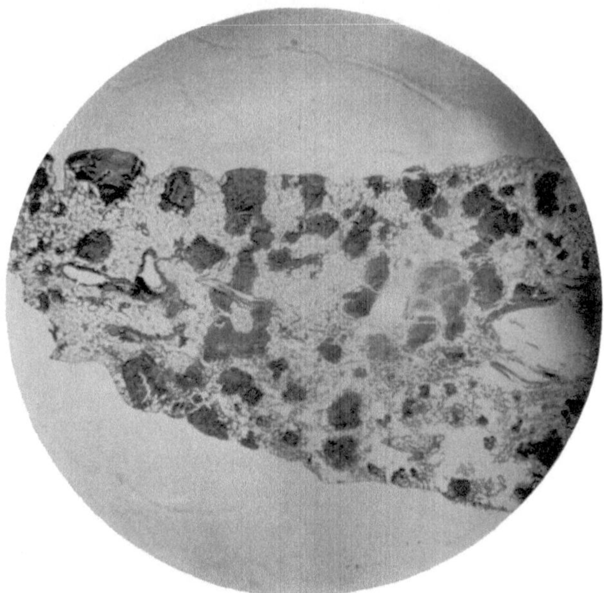

Abb. 15. Kaninchen 399.

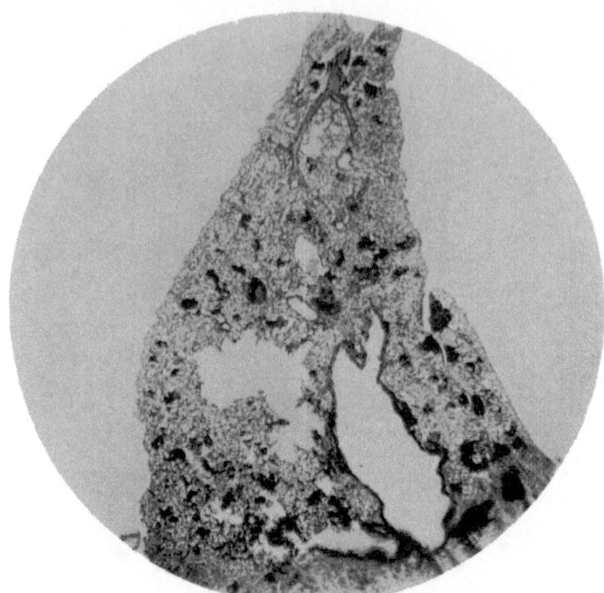

Abb. 16. Kaninchen 349.

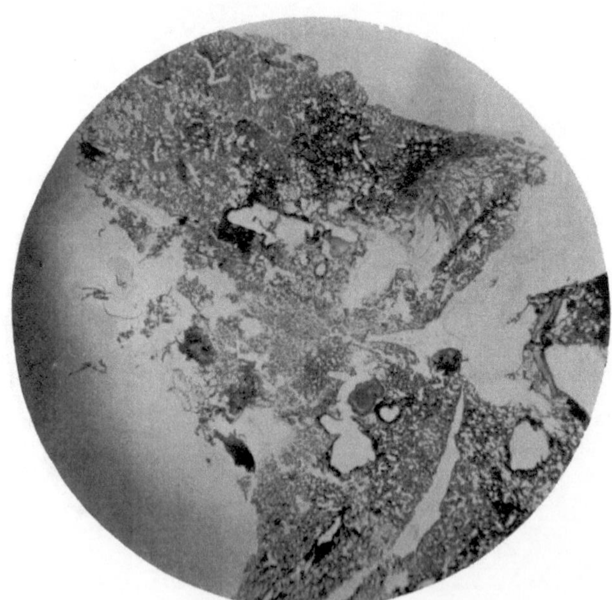

Abb. 17. Tabak-Kaninchen 334.

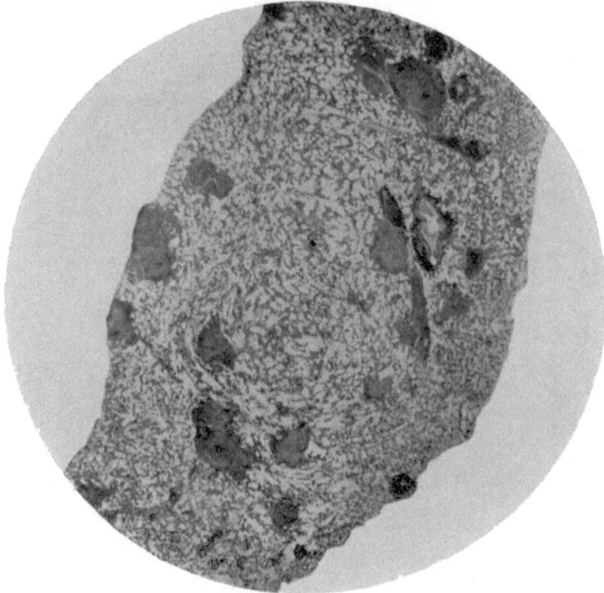

Abb. 18. Kaninchen 335.

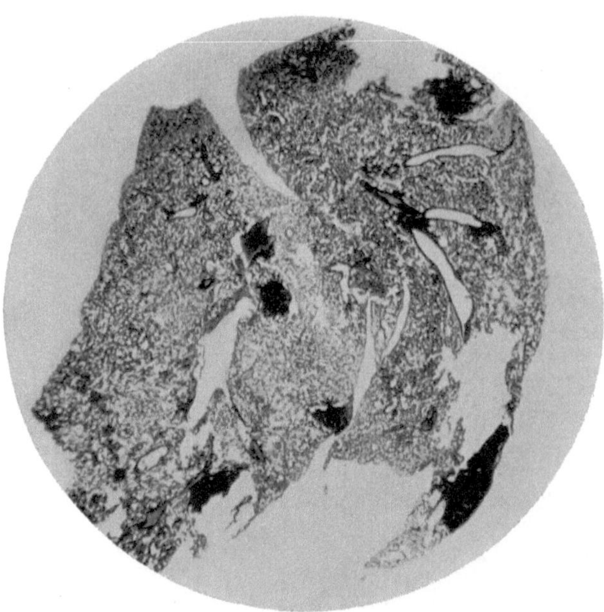

Abb. 19. Kaninchen 336.

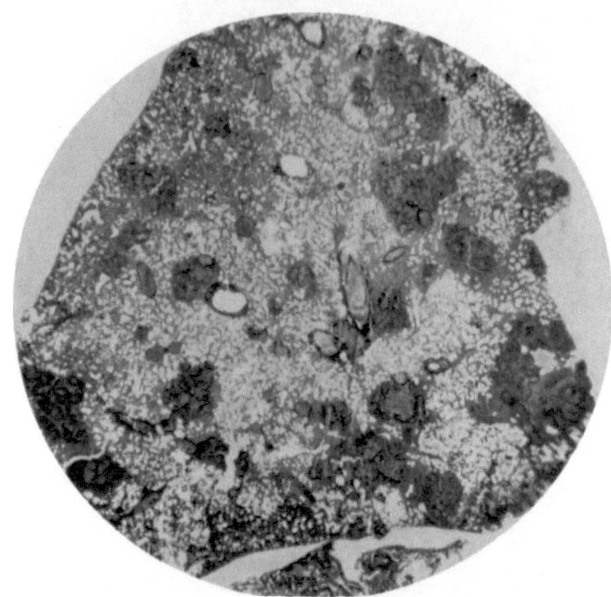

Abb. 20. Tonschieferstaub-Kaninchen 340.

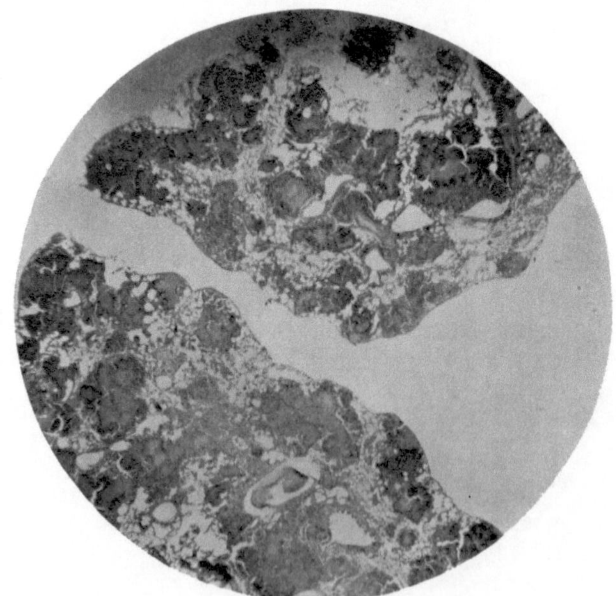

Abb. 21. Kaninchen 341.

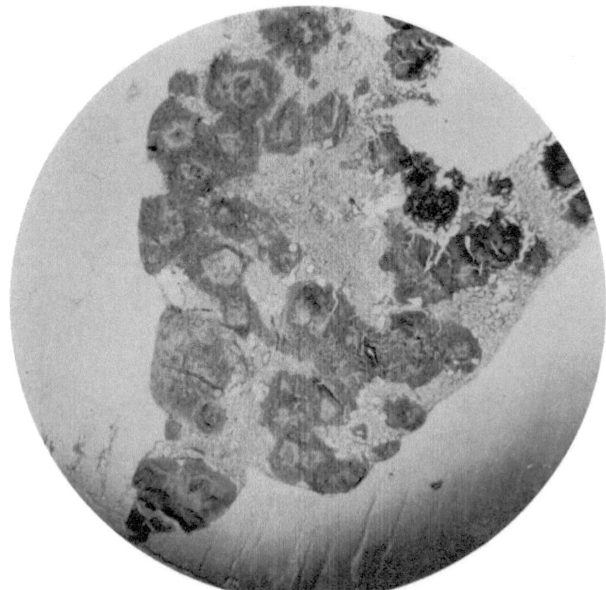

Abb. 22. Kaninchen 342.

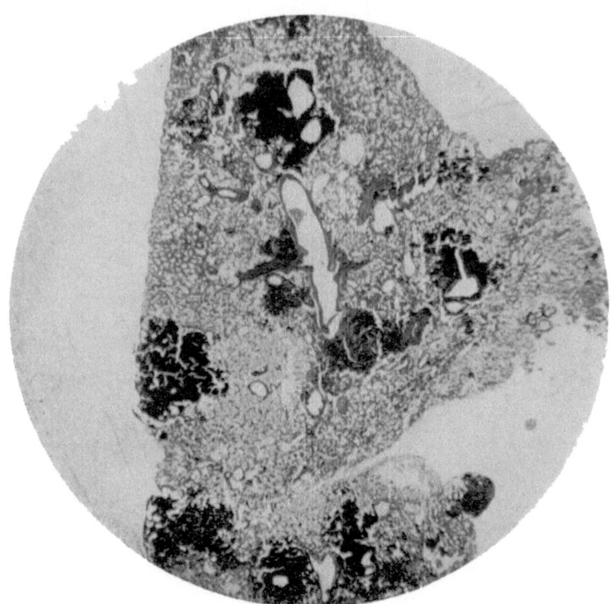

Abb. 23. Staubfreie Kontrolle Nr. 406.

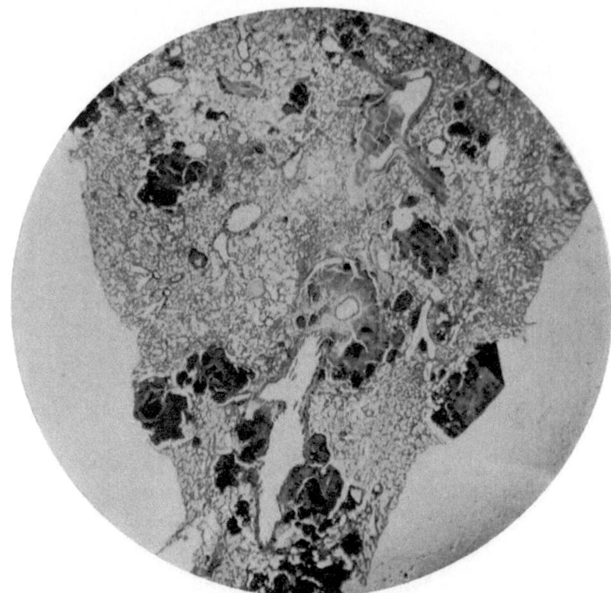

Abb. 24. Staubfreie Kontrolle Nr. 408.

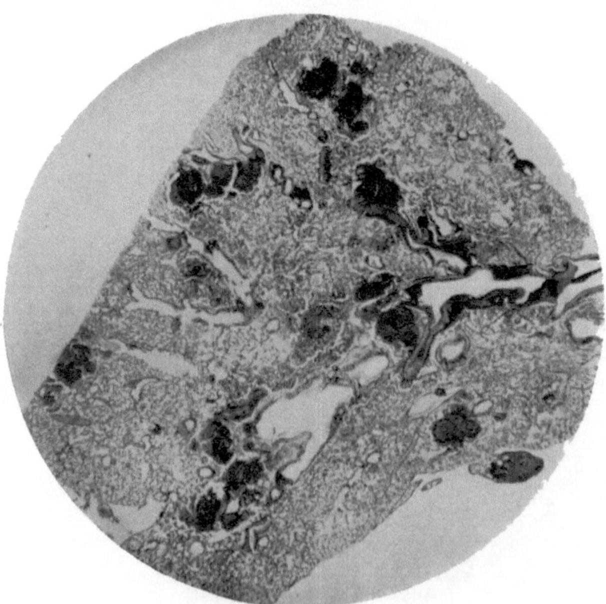

Abb. 25. Staubfreie Kontrolle Nr. 403.

Tabelle 7. Versuch Nr. 5. Vergleichende Versuche über den Ablauf der Lungentuberkulose bei ein- und zweizeitiger Infektion nach Staubinhalation.

Nr.	Staub-inhalation	Infektion	Röntgen-bild	Exitus	Pathologisch-anatomischer Befund	Tb.
					A. Inhalation von Zement.	
352	6. 11. bis 21. 12. 26 3. 1. bis 6. 4. 27 13. 4. bis 30. 4. 27	1) 10. 9. 26 Typ. hum. Inhal. 2) 9. 4. 27 T. B. Inj. Schr. M. $^1/_{27}$ mg i. v.	28. 10. 26 — 6. 4. 27 — 15. 5. 27 (+)	um-gebracht 27. 6. 27	Makroskop. Lungen von normaler Größe. Links in beiden Lappen bis stecknadelkopfgroße, graugrüne bis glasige Herde. Rechts etwas mehr Herde bis zur Hirsekorngröße Nieren und andere Organe: o. B. Mikroskop. Beide Lungen pneumokoniotisch durchsetzt. Hin u. wieder vereinzelte, kleine, abgekapselte Tuberkel.	+ —
109	9.11.26 bis 21. 12. 27 3. 1. bis 6. 4. 27 13. 4. bis 30. 4. 27	1) 0,5 mg Typ. hum. M. 1376 i. v. 19. 2. 26 2) 9. 4. 27 Inj. von $^1/_{27}$ mg Schr. M. i. v.	28. 10. 26 — 6. 4. 27 — 15. 5. 27 (+ +)	um-gebracht 27. 6. 27	Makroskop. Beide Lungen von graugrünen (Zement), teils glasigen Herden durchsetzt. Daneben bis linsengroße graue glasige Tuberkel, die auch im Anschluß an die graugrünen Zementknötchen entstanden zu sein scheinen. In Nieren vereinzelte stecknadelkopfgroße Knötchen. Mikroskop. sieht man subpleural an einigen Stellen exsudative u. käsig pneumonische Prozesse. Das übrige Lungengewebe zeigt viele pneumonokoniotische Veränderungen mit starker Staubeinlagerung u. vereinzelten abgekapselten Tuberkeln. Bindgewebsentwicklung deutlich.	(+ +)
					B. Inhalation von Tonschiefer.	
345	9. 11. bis 21. 12. 26 3. 1. bis 6. 4. 27 13. 4. bis 30. 4. 27	1) 10. 9. 26 Typ. hum. Inhal. 2) 9. 4. 27 T. B. Inj. Schr. M. $^1/_{27}$ mg i. v.	28. 10. 26 — 6. 4. 27 15. 5. 27 + + + +	um-gebracht 27. 6. 27	Makroskop. Lunge fast ums Doppelte vergroßert, fast vollständig von bis erbsengroßen Knötchen durchsetzt. Nieren zeigen einzelne Herde. Mikroskop. sieht man fast die ganze Lunge von käsig pneumoischen Prozessen und Konglumorattuberkeln durchsetzt, neben Ödembildung Staubeinlagerungen. Deutlich Bindegewebsbildung bei den vereinzelt liegenden Tuberkeln.	+ + + +

Tabelle 7. (Fortsetzung.)

Nr.	Staub-inhalation	Infektion	Röntgen-bild	Exitus	Pathologisch-anatomischer Befund	Tb.
					C. Inhalation von Tabak.	
339	9. 11. bis 21. 12. 26 3. 1. bis 6. 4. 27 13. 4. bis 30. 4. 27	1) 10. 9. 26 Typ. hum. Inhal. 2) 9. 4. 27 T. B. Inj. $^1/_{27}$ mg Schr. M. i. v.	28. 10. 26 — 6. 4. 27 — 15. 5. 27 (+)	um-gebracht 27. 6. 27	Makroskop. In beiden Lungen nur vereinzelte grauglasige Knötchen, daneben graue (kleine) Einlagerungen, wahrscheinlich Tabak. Die übrigen Organe frei. Mikroskop. Wenig verändertes Lungengewebe. An einzelnen Stellen Pneumonokoniose mit starker Staubeinlagerung. Vereinzelte abgekapselte Tuberkel (Bindegewebsbildung). In den Randzonen Staubeinlagerungen sichtbar.	+
					D. Inhalation von Zement.	
233	22. 6. bis 7. 9. 26 20. 9. bis 23. 10. 26 11. 1. bis 6. 4. 27 13. 4. bis 30. 4. 27	9. 4. 27 $^1/_{27}$ mg Schr. M. i. v.	15. 5. 27 + + +	um-gebracht 27. 6. 27	Makroskop. Beide Lungen von grauglasigen Tuberkeln durchsetzt. Rechter Oberlappen fast frei. Nieren von zahlreichen Knötchen durchsetzt. Mikroskop. Viele exsudative Veränderungen im pneumonokoniotischen Gewebe und reichlich käsig zerfallene Tuberkel, die hauptsächlich um die Gefäße angeordnet sind.	(+ + +)
					E. Inhalation von Tonschiefer.	
388	11. 1. bis 6. 4. 27 13. 4. bis 30. 4. 27	9. 4. 27 $^1/_{27}$ mg Schr. M. i. v.	15. 5. 27 + + + +	um-gebracht 27. 6. 27	Makroskop. Lungen ums Zwei- bis Dreifache vergrößert. Beiderseits, besonders aber links von zahlreichen Knötchen fast bis zur Erbsengröße durchsetzt. Nieren weisen beiderseits zahlreiche Knötchen auf, während in der Milz und Leber nur vereinzelte zu sehen sind. Mikroskop. Überall käsigpneumonisch ineinander übergehende Veränderungen, die zahlreiche Staubeinlagerungen erkennen lassen.	+ + + +

Tabelle 7. (Fortsetzung.)

Nr.	Staub-inhalation	Infektion	Röntgen-bild	Exitus	Pathologisch-anatomischer Befund	Tb.
					F. Inhalation von Tabak.	
385	11. 1. bis 6. 4. 27 13. 4. bis 30. 4. 27	9. 4. 27 $^1/_{27}$ mg Schr. M. i. v.	15. 5. 27 + + +	um-gebracht 27. 6. 27	Makroskop. Beide Lungen von grauen, glasigen, zum Teil konfluierenden Herden durchsetzt. Daneben aber noch intaktes Gewebe. In beiden Nieren kleine Tuberkel. Vereinzelte Herde in der Milz und in der Leber. Mikroskop. Einzelne abgekapselte Tuberkel, daneben große käsig pneumonische Veränderungen und Ödembildung.	(+ + +)
					G. Staubfreie Kontrollen.	
417	—	9. 4. 27 $^1/_{27}$ mg Schr. M. i. v.	15. 5. 27 + + +	um-gebracht 27. 6. 27	Makroskop. Lunge mindestens ums Doppelte bis Dreifache vergrößert. Ganz von bis linsengroßen Herden durchsetzt, zum Teil konfluierend. Ebenso in der Niere zahlreiche Tuberkel, sowie in der Milz. Coccidiose der Leber mit fraglichen Knötchen. Mikroskop. Sehr viel abgekapselte Tuberkeln, neben großen käsig pneumonischen Veränderungen, die hauptsächlich um die Gefäße herum angeordnet sind. Vereinzelte exsudative Prozesse.	+ + +
424	—	9. 4. 27 $^1/_{27}$ mg Schr. M.	15. 5. 27 + + +	um-gebracht 27. 6. 27	Makrsokop. Veränderungen wie bei Nr. 417. Keine Coccidiose. Mikroskop. Dieselben Veränderungen wie bei Nr. 417.	+ + +
425	—	9. 4. 27 $^1/_{27}$ mg Schr. M.	15. 5. 27 + + +	um-gebracht 27. 6. 27	Makroskop. Lungenveränderungen wie beiNr. 417 und bei Nr. 424. Beide Nieren von zahlreichen Tuberkeln durchsetzt, die übrigen Organe: o. B. Mikroskop. Die Lungen noch stärker tuberkulös verändert wie bei Nr. 417 und bei Nr. 424.	+ + +

lungentuberkulose zu beobachten an den 6 Photogrammen (siehe Abb. 26 bis 31) aus diesen zwei letzten Versuchsserien.

Die beiden Bilder Kaninchen 399 und 336 zeigten bei starker Vergrößerung schon die bindegewebige Induration je eines Tuberkels mit Zement- bzw. Tabakstaubeinlagerung, während das Tonschieferlungenbild neben starker Staubimprägnation exsudative Prozesse mit geringer Vermehrung der Bindegewebszellen und -fasern in den verbreiterten Septen erkennen läßt (Kaninchen Nr. 340, Abb. 28).

Diese bindegewebige Induration fehlt dagegen so gut wie ganz, wenn diese vorimmunisierende Vorbehandlung nicht stattgefunden hat, und ebenso treten auch die Unterschiede in der tuberkulosebefördernden Wirkung der drei verschiedenen Staubarten nicht so deutlich in die Erscheinung, wie es die Photogramme (Abb. 27, 29 und 31) der drei Kaninchenlungen Nr. 373 (Zement), Nr. 366 (Tonschiefer) und Nr. 381 (Tabak) wohl ohne weiteres erkennen lassen.

Zur Beurteilung der eventuell schädigenden Wirkung einer Staubart auf das Lungengewebe ist daher die erste Versuchsart (ohne Vorimmunisierung) nicht sehr empfehlenswert. Bessere Unterschiede bringt sicher die zweite Methode mit Vorinhalation einer blanden Tuberkelbazillendosis.

Diese Feststellung dürfte auch eine Erklärung dafür sein, daß z. B. Cesa Bianchi bei seinen vielen Versuchen kaum Unterschiede in der Wirkung der verschiedenen Staubsorten beobachten konnte.

Auch die nächste Versuchsreihe Nr. 5 (siehe Tabelle 7) ist ein Beweis für die Richtigkeit dieser unserer Ansicht. Außerdem läßt sie erkennen, daß die Vorimmunisierungsmethode auch schützt gegen Überdosierung, die in der vorliegenden Versuchsreihe wegen der früher schon erwähnten Virulenzsteigerung des Tuberkelbazillenstammes „Typ. hum. Schroeder-Mietsch-Baumgarten" unvorhergesehenerweise erfolgt war.

Die Vorimmunisierung der ersten Tierserie war am 10. IX. 1926 in der üblichen Weise mit kaninchen-avirulentem Typ. hum. M. 1376 per inhalationem bei den Kaninchen Nr. 352, 345 und 339 erfolgt, bei dem Tiere 109 dagegen auf intravenösem Wege (0,5 mg), und zwar schon viele Monate vorher, am 19. II. 1926.

Die Tiere wurden dann vom 9. XI. 1926 an der Staubinhalation ausgesetzt, und zwar die Kaninchen 352 und 109 mit Zement-, das Tier 345 mit Tonschiefer und das Kaninchen 339 mit Tabak. Die Inhalation wurde wegen der Weihnachtsferien am 21. XII. sistiert und erst am 3. I. 1927 wieder aufgenommen und bis zum 6. IV. durchgeführt. Dann erfolgte die intravenöse Reinfektion mit je $^1/_{27}$ mg Typ. hum. Schroeder-Mietsch-Baumgarten und abermalige Staubinhalation vom 13. bis zum 30. IV. 1927.

Zwischendurch waren bei diesen Tieren vor der Tuberkelbazilleninfektion am 28. X. 1926 und am 6. IV. 1927 Röntgenphotographien angefertigt worden, die keinen Anhaltspunkt für die Entwicklung einer Pneumonokoniose gaben. Die dritte Röntgenserie, die ungefähr 6 Wo-

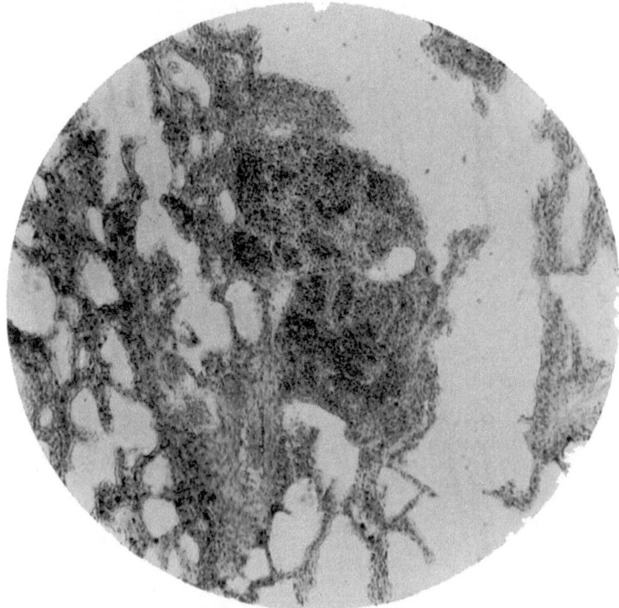

Abb. 26. Zementstaub-Inhalation. Vorimmunisiertes Kaninchen 399.

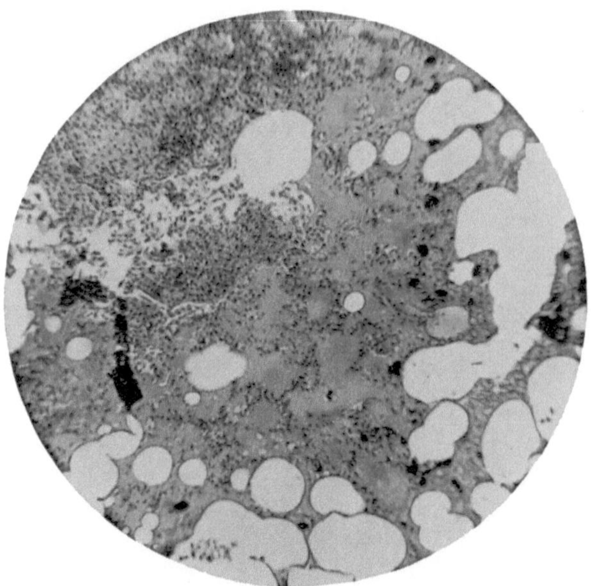

Abb. 27. Zementstaub-Inhalation. Nichtvorimmunisiertes Kaninchen 373.

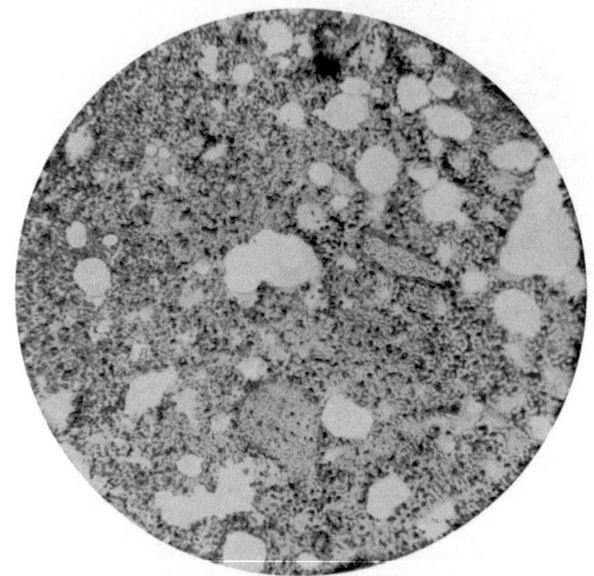

Abb. 28. Tonschieferstaub-Inhalation. Vorimmunisiertes Kaninchen 340.

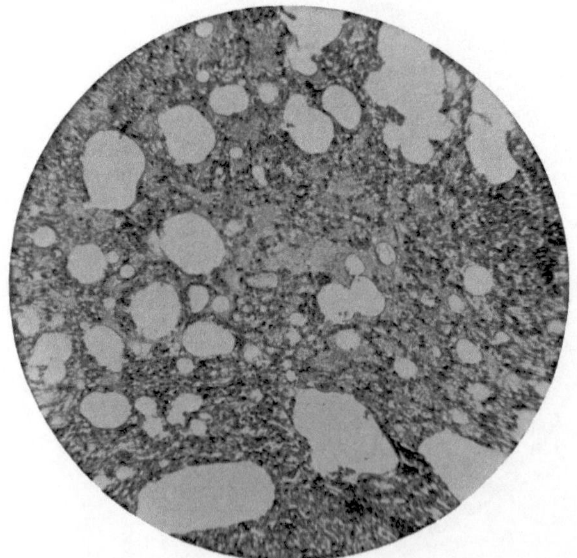

Abb. 29. Tonschieferstaub-Inhalation. Nichtvorimmunisiertes Kaninchen 366.

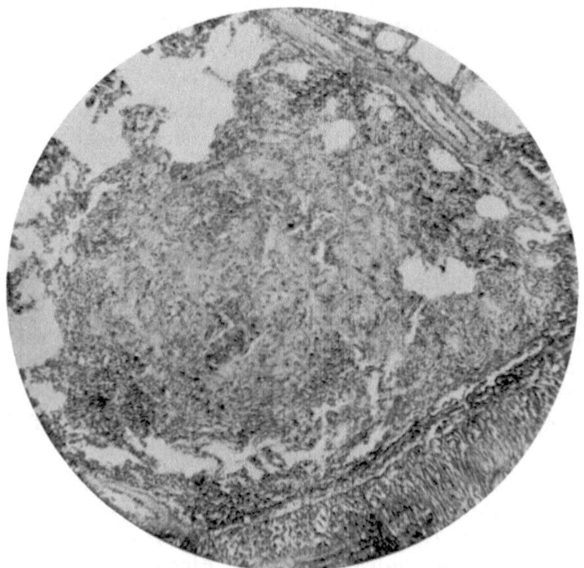

Abb. 30. Tabakstaub-Inhalation. Vorimmunisiertes Kaninchen 366.

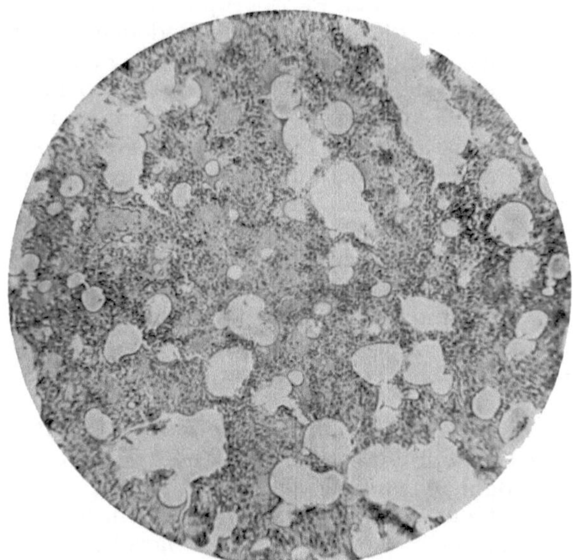

Abb. 31. Tabakstaub-Inhalation. Nichtvorimmunisiertes Kaninchen 381.

chen post Reinfectionem angefertigt war, ließ dagegen (siehe Abb. 37) bei dem Tonschiefertier Nr. 345 eine ausgebreitete Fleckschattenbildung über beiden Lungen erkennen, die auf starke Veränderungen hindeutete, wohingegen die Tabaktierlunge (Abb. 35, Nr. 339) und die Zementstaubtierlungen (Abb. 32, Nr. 352) gar keine Verschattungen aufwiesen. Auf dem Röntgenbilde der zweiten Zementstaublunge (Abb. 33, Nr. 109) sah man einige Fleckschatten besonders um die Hilusgegend herum. Ganz anders dagegen waren die Lungenröntgenaufnahmen der staubfreien Kontrolltiere Nr. 417, 424, 425, die gleichzeitig mit den bestaubten Versuchstieren am 9. IV. 1927 je $^1/_{27}$ mg Typ. hum. Schroeder-Mietsch-Baumgarten intravenös erhalten hatten. Sie ließen am 15. V. 1927 fast schon die gleiche Verschattung und Fleckschattenbildung erkennen wie die Lunge des Tonschiefergesteinstaubtieres Nr. 345 (siehe Abb. 37, 39, 40, 41).

Zum Vergleich mit diesen Immuntieren hatten wir nun auch noch mit Tuberkelbazillen nicht vorbehandelte Kaninchen herangezogen, die seit dem 11. I. Tonschiefer- (Nr. 388), Tabak- (Nr. 385) und Zementstaub (Nr. 233, schon seit dem 22. VI. 1926) in Intervallen (siehe Tabelle 7) eingeatmet hatten. Auch am 9. IV. mit der gleichen Dosis Tuberkelbazillen infiziert, ließen ihre Lungenaufnahmen (siehe Abb. 34, 36, 38) fast dieselben Verschattungen erkennen wie die der staubfreien Kontrolltiere (417, 424 und 425). Nur das Tier 388 (Abb. 38), das Tonschieferstaub eingeatmet hatte, ließ eine noch intensivere Fleckschattenbildung wahrnehmen.

Ganz entsprechend fielen auch die Sektionsergebnisse der 6 Wochen später umgebrachten Tiere aus.

Ein Blick auf die beigegebenen Photographien der herausgenommenen Lungen läßt ohne weiteres die überragende Bedeutung der Anwendung der Vorimmunisierungsmethode zur Unterscheidung der Staubschädlichkeitsintensität erkennen (siehe Abb. 42—50). Sehr deutlich kommen hier die Größenunterschiede der bestaubten Immuntierlungen zum Ausdruck. Die Tonschiefer-Gesteinstaublunge Nr. 345 ist ungefähr doppelt so groß und von vielen kleineren und auch größeren konfluierenden exsudativen Herden durchsetzt, während man bei den Lungen von normaler Größe Nr. 352 und 109 (Zement) und Nr. 339 (Tabak) nur kleinere abgekapselte Herde unter der Pleura feststellen kann.

Von fast gleichem Aussehen und gleicher Größe sind die Lungen der staubfreien Kontrollen und der nicht mit Tuberkelbazillen vorbehandelten Versuchstiere Nr. 233, 385 und 388. Es sind vielleicht aber auch hier die Veränderungen an der Tonschieferstaublunge (Nr. 388) am ausgeprägtesten.

Die mikroskopische Untersuchung (siehe Tabelle 7, pathologisch-anatomischer Befund) entspricht durchaus diesen makroskopischen und röntgenologischen Beobachtungen.

Die staubfreien Kontrollen und die nicht vorimmunisierten Staubtierlungen lassen alle mehr oder weniger hochgradige tuberkulöse Veränderungen (solche käsig-pneumonischer Natur und Tuberkel) besonders

Zementstaublungen.

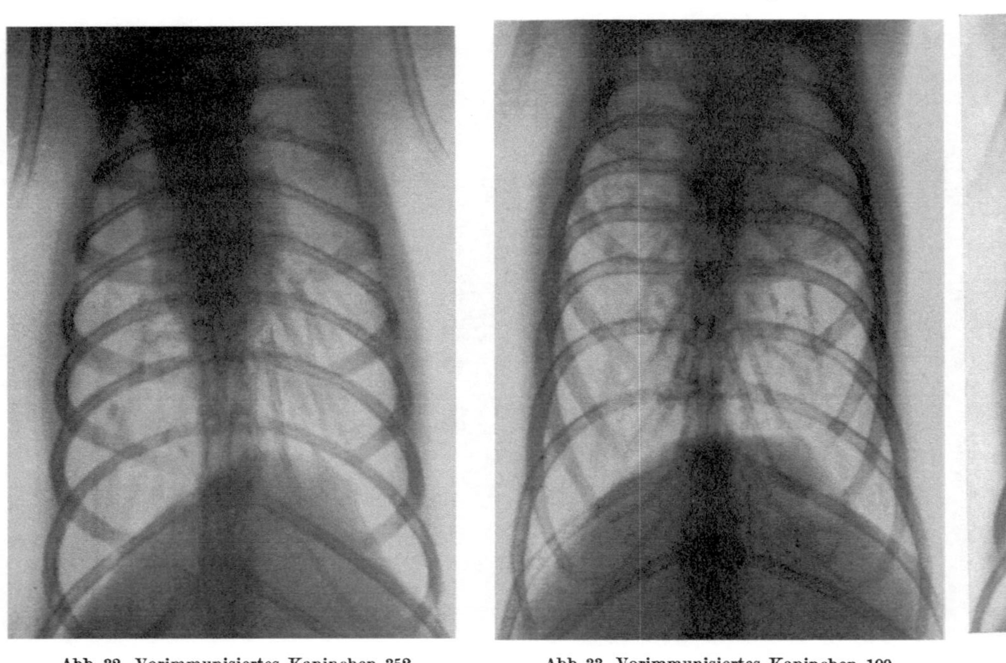

Abb. 32. Vorimmunisiertes Kaninchen 352.

Abb. 33. Vorimmunisiertes Kaninchen 109.

Abb. 34. Frischtier 233.

Tabakstaublungen.

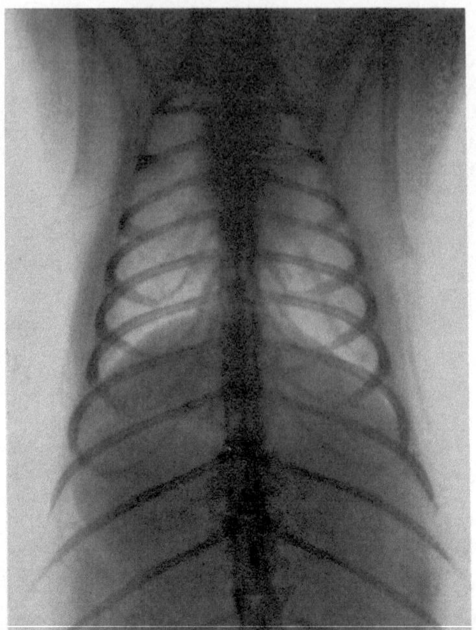

Abb.. 35. Vorimmunisiertes Kaninchen 339.

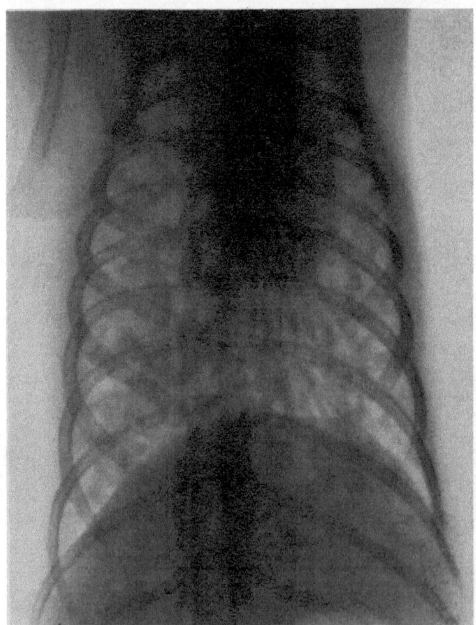

Abb. 36. Frischtier 385.

Tonschieferstaublungen.

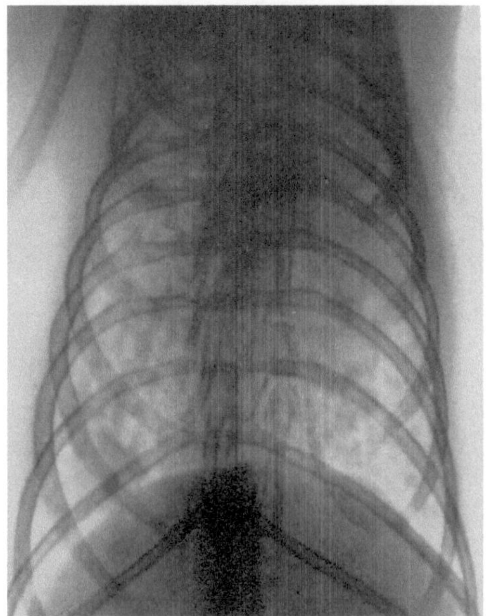

Abb. 37. Vorimmunisiertes Kaninchen 345.

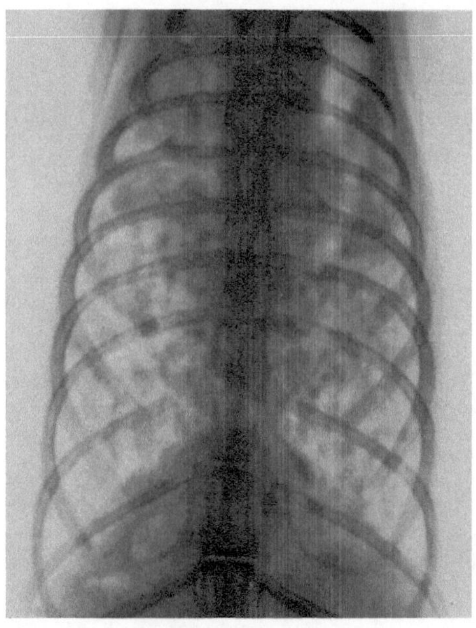

Abb. 38. Frischtier 388.

Kontrolltiere.

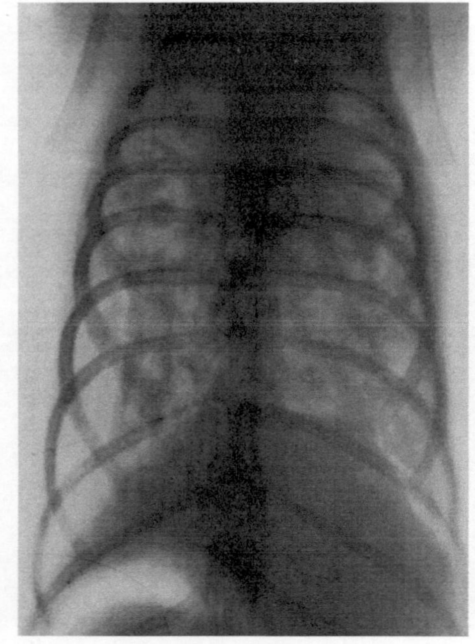

Abb. 39. Staubfreie Kontrolle 417.

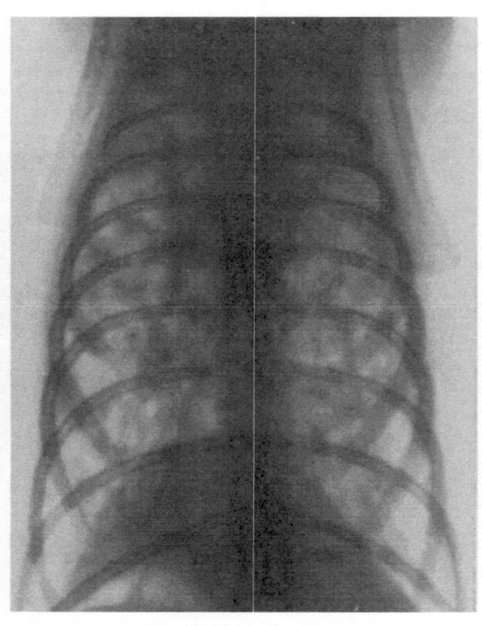

Abb. 40. Kontrolle 424.

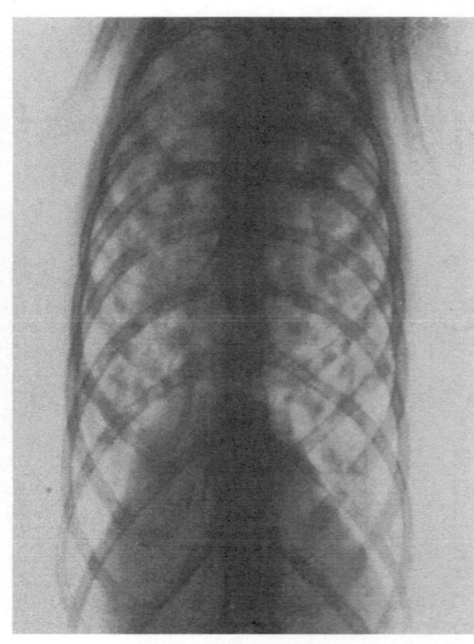

Abb. 41. Kontrolle 425.

um die Gefäße herum deutlich werden. Die Staubtiere haben außer hauptsächlich exsudativen Prozessen noch pneumonokoniotische Veränderungen mit mehr oder weniger Staubeinlagerungen aufzuweisen. Besonders tritt dieses bei der Tonschieferstaublunge in die Erscheinung, die innerhalb der tuberkulösen Krankheitsprozesse und in den tuberkulösveränderten perivaskulären Lymphknoten eine auffallend starke Staubeinlagerung aufzuweisen hat.

Trotzdem das Kaninchen Nr. 233 viel länger und auch größere Mengen Zement inhaliert hatte als das Tier 388, war viel weniger Staub in den Lungen zu finden und ebenso auch in den Lungen des Tieres 385 nach Tabakinhalation. Es scheinen also der Zement- und Tabakstaub viel eher aus dem Lungengewebe entfernt zu werden als der silikatreichere Tonschieferstaub. Dazu kommt dann noch die gute Löslichkeit des Zementstaubes.

Diese Unterschiede waren trotz der unvorhergesehenen Überdosierung und der dadurch bedingten starken Tuberkulose bei diesen drei Staub- und drei Kontrolltieren doch noch deutlich feststellbar.

Viel klarer waren dagegen diese unterschiedlichen Verhältnisse bei den sogenannten Immuntieren dieser Versuchsserie (siehe Tabelle 7, Rubrik: Pathologisch-anatomischer Befund). Hinzuweisen ist hier besonders auf die bindegewebig abgekapselten Tuberkel in den Tabak- und Zementstaublungen, in denen exsudative Prozesse nur bei dem Tier 109, und zwar nur an einigen wenigen Stellen nachweisbar waren. Daneben zeigte sich Bindegewebsentwicklung auch in den pneumonokoniotisch veränderten Septen usw., aber nur in geringerem Ausmaße.

Bindegewebsentwicklung war auch in vereinzelt liegenden Tuberkeln der im übrigen mehr exsudative Prozesse aufweisenden Tonschieferstaubkaninchenlunge Nr. 345 festzustellen und auch an einzelnen Stellen in den verdickten Alveolarsepten.

Sodann hatte auch bei den Zement- und Tabakstaubtieren die Entstaubung wieder die größeren Fortschritte gemacht, während der Tonschiefergesteinstaub in der Kaninchenlunge Nr. 345 noch in viel größeren Mengen im Bereich der tuberkulösen Veränderungen besonders um die Gefäße und Bronchien herum vorhanden war. Diese Ergebnisse bestätigen auch wieder die von Jötten und Arnoldi schon früher als richtig ausgesprochene Ansicht A. Fränkels von der Bedeutung der Behinderung der Lymphdrainage durch den Staub bei der Beförderung der Tuberkulose. Weiter konnten wir uns auch dieses Mal wieder in Übereinstimmung mit Willis u. a. davon überzeugen, daß die Tuberkelbazillen durch den Lymphstrom an dieselben Stellen befördert werden wie die Staubteilchen. Dort üben dann, was besonders deutlich an unseren Tonschieferstaublungen zu sehen war, Staub und Tuberkelbazillen zusammen sicher einen das Lungengewebe schädigenden Einfluß aus, welche Ansicht ja auch schon Gardner geäußert hat.

Schließlich muß noch darauf hingewiesen werden, daß die Bindegewebsentwicklung fast nur in solchen Staublungen eingesetzt hatte, die einer Vorbehandlung mit Tuberkelbazillen vor Beginn der Bestaubung ausgesetzt gewesen waren. Diese Unterschiede läßt diese Versuchsreihe besonders gut erkennen. Diese Beobachtung könnte vielleicht wiederum als ein weiterer Beweis für die Richtigkeit der Auffassung von Ickert und von Claise und Josué angesehen werden, daß die indurierenden

Zementstaub.

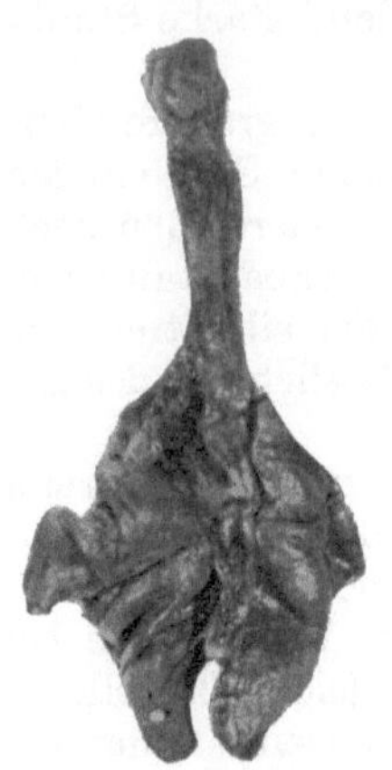

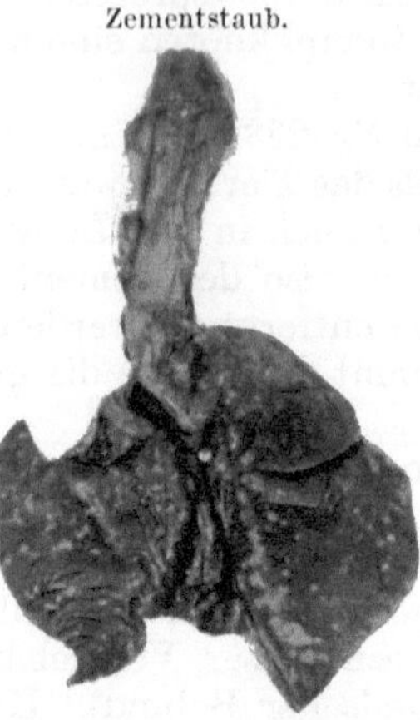

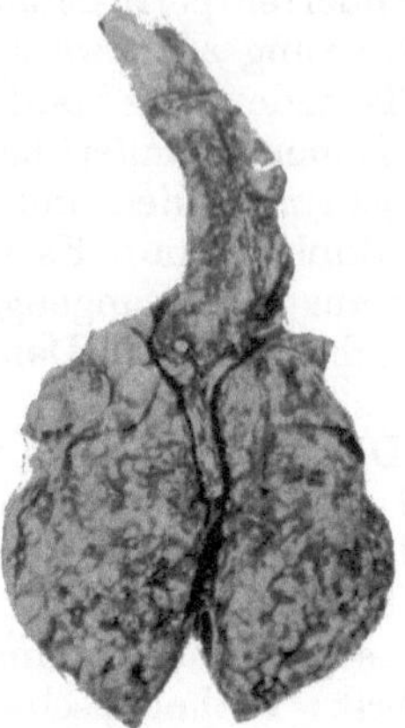

Abb. 42a. Kaninchen 352 Abb. 42b. Kaninchen 109 bei zweizeitiger Infektion

Abb. 43. Kaninchen 233 bei einzeitiger Infektion.

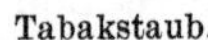

Tabakstaub.

Abb. 44. Kaninchen 339 bei zweizeitiger Infektion.

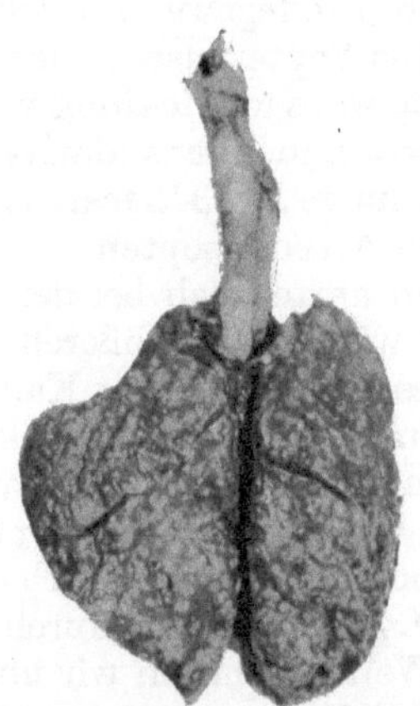

Abb. 45. Kaninchen 385 bei einzeitiger Infektion.

Prozesse in Staublungen in vielen Fällen auf dem Zusammenwirken von Staub und Tuberkelbazillen beruhen, zumal ja auch die Ergebnisse der neuesten experimentellen Arbeiten Mavrogordatos zu denselben Schlußfolgerungen berechtigen.

Und endlich wäre noch auf den überraschend hohen Grad von Tuberkuloseimmunität hinzuweisen, den hier die vorimmunisierten Zement-

und Tabakstaubtiere an ihren Lungen erkennen lassen. Während normale Kontrolltiere nach Ablauf der 11 wöchigen Beobachtungszeit eine außerordentlich ausgebreitete Lungentuberkulose aufzuweisen hatten, war dieses bei den Zement- und Tabakimmuntieren keineswegs der Fall,

Tonschieferstaub.

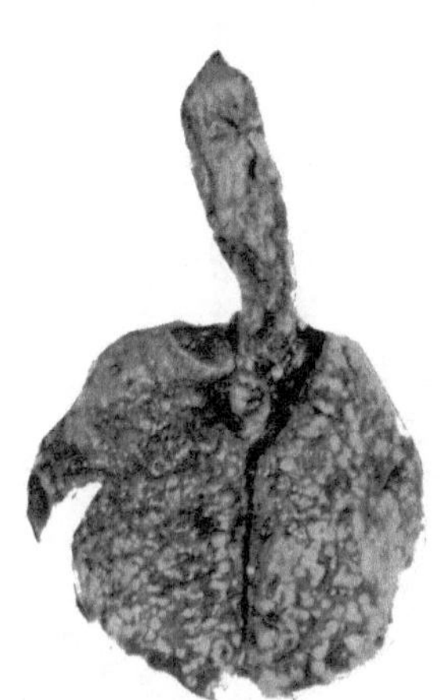

Abb. 46. Kaninchen 345 bei zweizeitiger Infektion

Abb. 47. Kaninchen 388 bei einzeitiger Infektion

Staubfreie Kontrollen.

Abb. 48. Kaninchen 417.

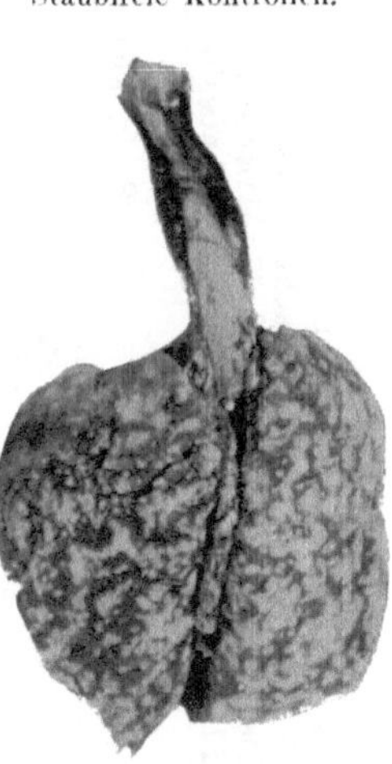

Abb. 49. Kaninchen 424.

Abb. 50. Kaninchen 425

vielmehr ließen sie gar keine progrediente Erkrankungsform, sondern vielmehr nur abgekapselte indurative Prozesse erkennen, trotzdem ihre Lungen noch eine mehrmonatige Bestäubung hinter sich hatten. Gerade diese Versuchsergebnisse dürften doch gewiß wohl die Ansicht H. H.

Tabelle 8. Versuch Nr. 6. **Vergleichende Versuche über den Ablauf der Lungentuberkulose bei zweizeitiger Infektion und Staubinhalation.**

Nr.	Staub-inhalation	Infektion	Exitus	Pathologisch-anatomischer Befund	Tb.
				A. Inhalation von Zement.	
601	22. 6. bis 10. 9. 27 26. 9. bis 9. 10. 27	1. Inhal. 20. 5. 27 2. Inhal. 16. 9. 27	umgebracht 24. 10. 27	Makroskop. Lungen etwas vergrößert. In beiden Lungen vereinzelte linsengroße Tuberkeln. Organe frei. Mikroskop. Lungen wenig verändert; an einzelnen Stellen pneumonokoniotische Veränderungen mit darin liegenden verkästen Tuberkeln. Die veränderten Stellen zeigen beginnende indurierende Prozesse. Staubeinlagerungen deutlich aber nicht übermäßig.	+ +
602	22. 6. bis 10. 9. 27 26. 9. bis 9. 10. 27	1. Inhal. 20. 5. 27 2. Inhal. 16. 9. 27	umgebracht 24. 10. 27	Makroskop. Beide Lungen von normaler Größe, von wenigen kleinen Tuberkeln durchsetzt. Organe frei. Mikroskop. Lungengewebe wenig verändert, von vereinzelten abgekapselten Tuberkeln durchsetzt.	+/+ +
				B. Inhalation mit Tonschiefer.	
609	22. 6. bis 10. 9. 27 26. 9. bis 9. 10. 27	1. Inhal. 20. 5. 27 2. Inhal. 16. 9. 27	umgebracht 24. 10. 27	Makroskop. Beide Lungen ums Doppelte vergrößert, von zahlreichen linsen- bis erbsengroßen Tuberkeln durchsetzt. Organe frei, o. B. Mikroskop. Die ganze Lunge von (verkästen und unverkästen) Tuberkeln, die zum Teil konfluieren, durchsetzt.	+ + +/ + + + +
610	22. 6. bis 10. 9. 27 26. 9. bis 9. 10. 27	1. Inhal. 20. 5. 27 2. Inhal. 16. 9. 27	umgebracht 24. 10. 27	Makroskop. Lungen ungefähr ums Doppelte vergrößert, beiderseits von linsengroßen Tuberkeln durchsetzt. Organe frei. Mikroskop. Wenig abgekapselte Tuberkel neben starker Ödembildung, die wahrscheinlich auf die dort zu findende Staubeinlagerung zurückzuführen sind.	+ + +
611	22. 6. bis 10. 9. 27 26. 9. bis 9. 10. 27	1. Inhal. 20. 5. 27 2. Inhal. 16. 9. 27	† 21. 10. 27	Makroskop. Beide Lungen ums Doppelte vergrößert, ganz von Knötchen durchsetzt. Organe frei. Mikroskop. Veränderungen wie bei Nr. 609, aber in noch stärkerem Maße. Die Veränderungen tragen noch mehr käsig-pneumonischen Charakter.	+ + +/ + + + +

Tabelle 8. (Fortsetzung.)

Nr.	Staub-inhalation	Infektion	Exitus	Pathologisch-anatomischer Befund	Tb.
				C. Inhalation mit Tabak.	
619	22. 6. bis 10. 9. 27 26. 9. bis 9. 10. 27	1. Inhal. 20. 5. 27 2. Inhal. 16. 9. 27	um-gebracht 24. 10. 27	Makroskop. Beide Lungen ums Doppelte vergrößert, von zahlreichen linsen- bis erbsengroßen Tuberkeln durchsetzt. Organe frei. Mikroskop. Lungen an zahlreichen Stellen käsig-pneumonisch verändert.	+ + +
620	22. 6. bis 10. 9. 27 26. 9. bis 9. 10. 27	1. Inhal. 20. 5. 27 2. Inhal. 16. 9. 27	um-gebracht 24. 10. 27	Makroskop. Beide Lungen etwas vergrößert. Beide Lungen von zahlreichen Tuberkeln durchsetzt. Organe frei. Mikroskop. Ausgebreitete käsige Pneumonie, daneben noch viel verändertes Lungengewebe.	+ +/+ + +
				D. Immunkontrollen.	
625		1. Inhal. 20. 5. 27 2. Inhal. 16. 9. 27	um-gebracht 24. 10. 27	Makroskop. Lungen etwas vergrößert, beiderseits von bis linsengroßen Tuberkeln durchsetzt. Mikroskop. Zahlreiche konfluierende Tuberkel (verkäst), besonders wieder um die Gefäße angeordnet.	+/+ +
627		1. Inhal. 20. 5. 27 2. Inhal. 16. 9. 27	um-gebracht 24. 10. 27	Makroskop. Beide Lungen ums Doppelte vergrößert, mit zahlreichen linsen- bis erbsengroßen Tuberkeln. Mikroskop. Zahlreiche stark verkäste, konfluierende Tuberkel. Starke Ödembildung.	+ + +/ + + + +
628		1. Inhal. 20. 5. 27 2. Inhal. 16. 9. 27	um-gebracht 24. 10. 27	Makroskop. Beide Lungen etwas vergrößert. Besonders in den herabhängenden Partien von kleinen bis linsengroßen Knötchen durchsetzt. Nieren vereinzelte Tuberkel. Mikroskop. Vereinzelte isolierte Tuberkel. Übrige Lungengewebe wenig verändert.	+/+ +

Kalbfleischs fraglich erscheinen lassen, der am Ende seiner Arbeiten am tuberkulösen Kaninchen zu dem Schlusse kommt, „daß für ‚Immunität' nirgends Raum in der Pathologie der Tuberkulose ist."

Fast genau dieselben Ergebnisse bringt der nächste Versuch Nr. 6 in Tabelle 8, der allerdings auf Grund unserer jüngsten Erfahrungen mit wesentlich kleineren Reinfektionsdosen angestellt war. Es wurden zur Tuberkelbazilleninhalation nicht 150 mg Tuberkelbazillen, sondern nur 50 mg Tuberkelbazillen vom „Typ. hum. Schroeder-Mietsch-Baumgarten" in 15 ccm physiologischer Kochsalzlösung verrieben und aufgeschwemmt und davon nur 2,5 ccm in 10 Minuten im großen Inhalationsturm mit 12 Kaninchenkästen versprayt. Es waren also insgesamt nur 8,25 mg Tuberkelbazillen mit dem Tröpfchennebel der Kastenluft zugeführt worden. Die in der üblichen Weise vorgenommene äerogene Vorimmunisierung hatte 4 Monate früher stattgefunden und die Staubinhalation etwas über 3 Monate gedauert. Auch hier wieder Durchbrechung der Immunität durch die Reinfektion bei allen Tonschieferstaubtieren, während nur ein Tabakstaub- und ein staubfreies Kontrollkaninchen stärkere exsudative Veränderungen in ihren Lungen erkennen ließen. Man sieht an diesen Befunden, daß diese Vorimmunisierungsmethode auch gelegentlich Versager zur Beobachtung kommen läßt. Vielleicht spielen hierbei individuelle Schwankungen eine Rolle. Im übrigen paßt auch das Gesamtergebnis dieses Versuches gut zu dem der vorhergehenden.

Besonderes Interesse verdient wieder der Versuch Nr. 7 aus Tabelle 9, und zwar insofern, als er zum ersten Male die Ergebnisse der Laboratoriumsversuche mit denen, die in der Praxis, d. h. in der Zementfabrik selbst, angestellt waren, zum Vergleich heranzuziehen ermöglicht. Leider waren keine vorimmunisierten Tiere mit herangezogen worden. Die vier Fabriktiere, die zu je zwei neben der Zementmühle im Klinkergang und zu je zwei neben der Abfüllvorrichtung im Packraum (siehe Abb. 10 und 11) vom 26. VII. bis 28. X. 1927 (das sind über 3 Monate) in besonderen gut staubdurchgängigen Käfigen Aufstellung gefunden hatten, wurden zwischendurch am 17. IX. 1927 zusammen mit den übrigen Tieren desselben Versuches mit derselben Dosis von je $^1/_{70}$ mg Typ. hum. Schröder-Mietsch-Baumgarten infiziert, am 28. X. aus der Fabrik abgeholt, am gleichen Tage umgebracht und seziert.

Diese Fabriktiere hatten viel länger Zementstaub inhaliert und auch hin und wieder größere Mengen als die in Münster im Versuch befindlichen, die außerdem nur vom 22. VI. bis 10. IX. und vom 26. IX. bis 9. X. 1927 täglich 1 Stunde Staub einatmen mußten.

Infolgedessen nimmt es eigentlich wunder, daß die tuberkulösen Lungenveränderungen der Fabriktiere nicht wesentlich schwerere waren als bei den Zementlaboratoriumstieren, ganz entsprechend den Ergebnissen, über die wir schon gelegentlich der experimentellen Pneumonokoniose berichtet haben. Wir haben bei der Gelegenheit schon mitteilen

Tabelle 9. Versuch Nr. 7. Vergleichende Versuche über den Ablauf der Lungentuberkulose bei einzeitiger Infektion nach Staubinhalation.

Nr.	Staub-inhalation	Infektion	Exitus	Pathologisch-anatomischer Befund	Tb.
				A. Inhalation von Zement. a) Staubkontrolle.	
575	22. 6. 27 bis 10. 9. 27 26. 9. 27 bis 9. 10. 27	—	umgebracht 25. 10. 27	Makroskop. Lungen von normaler Größe, beiderseits von pünktchenförmigen Knötchen durchsetzt. Mikroskop. Das übliche Bild der Pneumonokoniose mit perivaskulären Knötchen.	—
				b) Injektionstiere.	
636	27. 5. 27 bis 10. 9. 27 26. 9. 27 bis 9. 10. 27	17. 9. 27. Inj. i. v. $^1/_{70}$ mg Schr.-M.	† 22. 10. 27	Makroskop. Schwache Tuberkulose beider Lungen, vereinzelte Tuberkel in beiden Nieren. Mikroskop. Lunge von verkästen isolierten Tuberkeln durchsetzt.	+ +
422	13. 7. 27 bis 10. 9. 27 26. 9. 27 bis 9. 10. 27	17. 9. 27 Inj. i. v. $^1/_{70}$ mg Schr.-M.	umgebracht 25. 10. 27	Makroskop. Rechte Lunge wesentlich vergrößert, beiderseits von stecknadelkopf- bis linsenkorngroßen Tuberkeln durchsetzt. Viel gut erhaltenes Lungengewebe. Mikroskop. Die Veränderungen sind etwas mehr ausgeprägt wie bei Nr. 636.	+ +
				B. Inhalation von Tonschiefer. a) Staubkontrollen.	
641	27. 5. 27 bis 10. 9. 27 26. 9. 27 bis 9. 10. 27	—	umgebracht 25. 10. 27	Makroskop. Lungen von normaler Größe, beiderseits von ganz kleinen feinen grauen Pünktchen durchsetzt. Mikroskop. In der üblichen Weise pneumonokoniotische Veränderungen. In der Nähe der Gefäße vergrößerte Lymphknötchen mit Staubeinlagerungen.	—
				b) Injektionstiere.	
649	22. 6. 27 bis 10. 9. 27 26. 9. 27 bis 9. 10. 27	Inj. 17. 9. 27 i. v. $^1/_{70}$ mg Schr.-M.	umgebracht 25. 10. 27	Makroskop. Lungen um die Hälfte vergrößert, beiderseits von kleinen bis linsengroßen Knötchen durchsetzt. Einzelne Nierenherde. Mikroskop. Fast die ganze Lunge von teils isoliert liegenden, teils von konfluierenden verkästen Tuberkeln durchsetzt.	+ + +
650	22. 6. 27 bis 10. 9. 27 26. 9. 27 bis 9. 10. 27	Inj. 17. 9. 27 i. v. $^1/_{70}$ mg Schr.-M.	umgebracht 25. 10. 27	Makroskop. Lungen fast ums Doppelte vergrößert, ganz von linsen- bis erbsengroßen Knötchen durchsetzt. Mikroskop. Veränderungen wie bei Nr. 649, aber noch bedeutend stärker ausgeprägt.	+ + + +

Tabelle 9. (Fortsetzung.)

Nr.	Staub-inhalation	Infektion	Exitus	Pathologisch-anatomischer Befund	Tb.
				C. Inhalation von Tabak. a) Staubkontrolle.	
559	22. 6. 27 bis 10. 9. 27 26. 9. 27 bis 9. 10. 27		um-gebracht 25. 10. 27	Makroskop. Lungen von normaler Größe und von ganz kleinen, grauen Pünktchen durchsetzt. Mikroskop. Mäßige pneumonokoniotische Veränderungen, besonders an den Gefäßen vergrößerte Lymphknoten. Geringe Staubeinlagerung.	(∓)
				b) Injektionstiere.	
647	27. 5. 27 bis 10. 9. 27 26. 9. 27 bis 9. 10. 27	Inj. 17. 9. 27 i. v. $^1/_{70}$ mg Schr.-M.	um-gebracht 25. 10. 27	Makroskop. Lungen um die Hälfte vergrößert, beiderseits von linsengroßen, graugelblichen Knötchen durchsetzt. Mikroskop. Über die ganze Lunge ausgebreitet konfluierende verkäste Tuberkel, daneben Ödembildung besonders an den Stellen mit deutlicher Staubeinlagerung.	+ +/+ + +
648	27. 5. 27 bis 10. 9. 27 26. 9. 27 bis 9. 10. 27	Inj. 17. 9. 27 i. v. $^1/_{70}$ mg Schr.-M.	um-gebracht 25. 10. 27	Makroskop. Lungen beiderseits um die Hälfte vergrößert, von graugelben bis linsengroßen Knötchen durchsetzt. Mikroskop. Starke pneumonokoniotische Veränderungen.	±
				Injektionskontrollen.	
665	—	Inj. 17. 9. 27 i. v. $^1/_{70}$ mg Schr.-M.	um-gebracht 25. 10. 27	Makroskop. Beiderseits schwach ausgebreitete Tuberkulose mit zahlreichen, stecknadelkopfgroßen Knötchen. In den Nieren viele subkapsuläre Herde. Mikroskop. Isolierte, wenig verkäste Tuberkel.	+/+ +
666	—	Inj. 17. 9. 27 i. v. $^1/_{70}$ mg Schr.-M.	um-gebracht 23. 10. 27	Makroskop. Mäßig ausgebreitete Lungentuberkulose. Subkapsuläre Nierenherde. Mikroskop. Etwas stärkere Veränderungen als bei Nr. 665.	+ +
667	—	Inj. 17. 9. 27 i. v. $^1/_{70}$ mg Schr.-M.	um-gebracht 25. 10. 27	Makroskop. Beide Lungen von zahlreichen grauen bis linsengroßen Knötchen durchsetzt. Nieren mit vielen Tuberkeln. Mikroskop. Nur wenig unverändertes Lungengewebe. Zahlreiche, stark verkäste Tuberkel.	+ +/+ + +
668	—	Inj. 17. 9. 27 i. v. $^1/_{70}$ mg Schr.-M.	um-gebracht 24. 10. 27	Makroskop. Mäßige Tuberkulose beider Lungen. Reichlich subkapsuläre Nierenherde. Übrige Organe frei. Mikroskop. Viele isolierte, stark verkäste Tuberkel.	+ +

Tabelle 9. (Fortsetzung.)

Versuche mit Zementstaub in der Praxis.

Kan.-Nr.	Staubinhalationsdauer	Infektion	Exitus	Pathologisch-anatomischer Befund	Tb.
				1. Im Klinkergang an der Zementmühle (s. Abb.).	
653	26. 7. bis 28. 10. 27	Infektion am 17. 9. 27 $^1/_{70}$ mg Schr.-M. i. v.	umgebracht am 28. 10. 27	Ausgebreitete Nierentuberkulose. Vergrößerte Milz. Vereinzelte Knötchen. Harte Leber. Lungen etwas vergrößert, von stecknadelkopf- bis linsengroßen Herden durchsetzt. Mikroskop. In dem gesunden Lungengewebe, das zum Teil pneumonokoniotisch verändert ist, sieht man isoliert stehende, zum Teil konfluierende, zum Teil verkäste Tuberkel.	+ +
654	26. 7. bis 28. 10.27	Infektion am 17. 9. 27 $^1/_{70}$ mg Schr.-M. i. v.	umgebracht am 28. 10. 27	Makroskop. Typische Nierentuberkulose. Milz unverändert. Harte Leber. Lungen vergrößert. Beiderseits von vielen stecknadelkopf- bis linsengroßen Herden durchsetzt. Mikroskop. Die Veränderungen fast so wie bei Nr. 653. Die Anordnung der Tuberkel ist fast durchweg perivaskulär und peribronchial. Bemerkenswert ist hier noch an einzelnen Stellen reichliche Ödembildung.	+ +/+ + +
				2. Im Packraum der Zementfabrik.	
657	26. 7. bis 28. 10. 27	Infektion am 17. 9. 27 $^1/_{70}$ mg Schr.-M. i. v.	umgebracht am 28. 10. 27	Makroskop. Subkapsuläre Nierenherde. Milz o. B. Leber frei. Lungen ziemlich erheblich vergrößert, von zahlreichen bis linsengroßen Knötchen durchsetzt. Mikroskop. Die Veränderungen genau wie bei Nr. 654. Staubeinlagerung intensiv und sehr gut sichtbar.	+ + +/+ +
658	26. 7. bis 28. 10. 27	Infektion am 17. 9. 27 $^1/_{70}$ mg Schr.-M. i. v.	umgebracht am 28. 10. 27	Makroskop. Subkapsuläre Nierenherde. Lungen beiderseits vergrößert, von zahlreichen bis klein erbsengroßen Herden durchsetzt, deren Mittelpunkt Staubeinlagerung zu sein scheint. Mikroskop. Derselbe Befund wie bei Nr. 657, nur fehlen die exsudativen Prozesse.	+ + +/+ +

Tabelle 10. II. praktischer Versuch in der Zementfabrik.

Kan.-Nr.	Staubinhalationsdauer	Infektion	Exitus	Röntgenbild	Pathologisch-anatomischer Befund	Tb.
					A. Im Packraum (s. Abb.).	
829	25. 11. 27 bis 25. 4. 28	22. 3. 28 $^{11}/_{70}$ mg Schr.-M. i. v.	umgebracht am 12. 5. 28	1. 5. 28 + +	Lungen etwas vergrößert, beiderseits von bis linsengroßen Tuberkeln durchsetzt, die zum Teil verkäst sind. Nieren von vereinzelten Herden durchsetzt. Leber: o. B. Milz: o. B. Mikroskop. Sehr viel gut erhaltenes Lungengewebe; das übrige schwach pneumonokoniotisch veränderte ist von alleinstehenden, zum Teil konfluierenden, zum Teil verkästen Tuberkeln und von Staubeinlagerungen durchsetzt.	(+ +)
830	25. 11. 27 bis 25. 4. 28	22. 3. 28 $^{1}/_{70}$ mg Schr.-M. i. v.	umgebracht am 12. 5. 28	1. 5. 28 ±	Lungen etwas vergrößert. 1—2 Herde in Form von Tuberkeln sichtbar. Induration fühlbar an den Lungenwurzeln. Mikroskop. Lediglich entzündliche Veränderungen neben ganz vereinzelten pneumonokoniotischen Prozessen.	+/−
					B. Im Klinkergang an der Zementmühle.	
833	25. 11. 27 bis 25. 4. 28	22. 3. 28 $^{1}/_{70}$ mg Schr.-M.	umgebracht am 12. 5. 25	1. 5. 28 +	Lunge etwas vergrößert, beiderseits von kleinen stecknadelkopfgroßen bis vereinzelten linsengroßen Herden durchsetzt. Niere fast frei. Leber und Milz frei. Mikroskop. Die Lungen von einzelnen, zum Teil konfluierenden verkästen Tuberkeln durchsetzt, neben pneumonokoniotischen Veränderungen. Besonders schön ist die perivaskuläre Anordnung der Lymphknoten.	+/+ +
834	25. 11. 27 bis 25. 4. 28	22. 3. 28 $^{1}/_{70}$ mg Schr.-M.	umgebracht am 12. 5. 28	1. 5. 28 +	Lungen etwas vergrößert. Beiderseits von kleinen bis linsengroßen, im Innern verkästen Herden durchsetzt. Milz zeigt kleine subkapsuläre Herde. Nieren von kleinen stecknadelkopfgroßen Herden durchsetzt. Leber frei. Mikroskop. Veränderungen wie bei Nr. 833.	+/+ +

Tabelle 10. (Fortsetzung.) Kontrollen zum II. praktischen Versuch in der Zementfabrik.

Kan.-Nr.	Infektion	Exitus	Röntgenbild	Pathologisch-anatomischer Befund	Tb.
861	22. 3. 28 $^{11}/_{70}$ mg Schr.-M. i. v.	umgebracht 12. 5. 28	1. 5. 28 +	Beide Lungen nur mäßig vergrößert, von etwa 15 kleineren bis linsengroßen Herden durchsetzt. Nieren subkapsuläre Herde. In Leber Herde. Milz frei. Mikroskop. Ziemlich viel unverändertes Lungengewebe. Dazwischen Entzündungserscheinungen und vereinzelte Tuberkel und verkäste Konglomerattuberkel.	+/++
862	22. 3. 28 $^{1}/_{70}$ mg Schr.-M. i. v.	umgebracht 12. 5. 28	1. 5. 28 ±	Beide Lungen nur etwas vergrößert. Beiderseits von einigen bis linsengroßen Herden durchsetzt. Organe makroskopisch frei. Mikroskop. Bild wie bei Nr. 861, nur im verstärkten Maße.	+

können, daß die pneumonokoniotischen Veränderungen in den Fabriktierlungen nicht ausgebreitetere waren als in denen der Laboratoriumsversuchstiere.

Die Tuberkulose der Fabriktiere war etwas ausgesprochener und von exsudativem Charakter. Das stimmt ja aber auch mit unseren früheren Erfahrungen sowohl beim Porzellanstaub I wie II überein, bei denen länger dauernde und intensivere Bestaubung auch etwas mehr tuberkulöse Veränderungen bedingt hatte. Die tuberkulösen Prozesse bei diesen Fabrikzementstaubtieren waren aber noch lange nicht so ausgedehnt wie bei den gleichzeitig infizierten, aber kürzere Zeit bestaubten Tonschieferstaubtieren, deren Lungen ums Doppelte vergrößert und fast ganz von linsen- bis erbsengroßen Knötchen durchsetzt waren.

Schließlich brachte ein zweiter Fabrikversuch im Werk II Lengerich ein ebenso einwandfreies Ergebnis (siehe Tabelle 10, Versuch Nr. 9). An denselben Stellen waren wieder je vier Kaninchen aufgestellt worden, und zwar vom 25. XI. 1927 bis zum 25. IV. 1928. Je zwei von ihnen wurden in der Fabrik am 22. III. 1928 mit je $^{1}/_{70}$ mg Schröder-Mietsch-Baumgarten intravenös infiziert und am selben Tage auch zwei unbestaubte Kontrolltiere in Münster.

Nachdem die Fabriktiere am 25. IV. nach Münster geholt waren, blieben sie in Einzelkäfigen bis zum 12. V. sitzen. An diesem Tage wurden sie umgebracht und seziert, nachdem sie mitsamt den Kontrollen am 1. V. noch geröntgt worden waren.

Die erheblichsten Veränderungen (= + +) wies dabei das eine Tier

Packraumtiere.

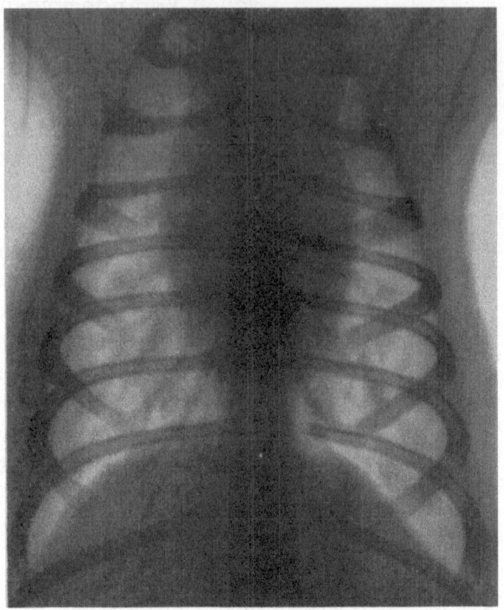

Abb. 51. Kaninchen 829.

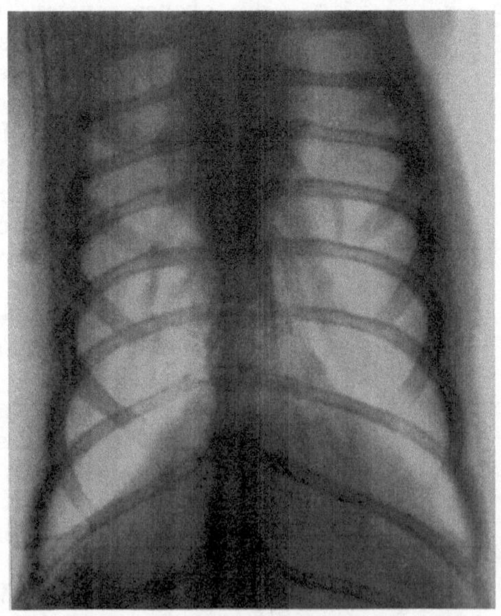

Abb. 52. Kaninchen 830.

Klinkergangtiere.

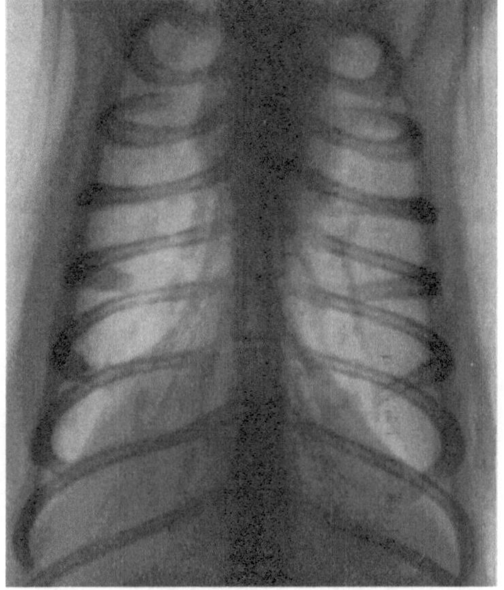

Abb. 53. Kaninchen 833.

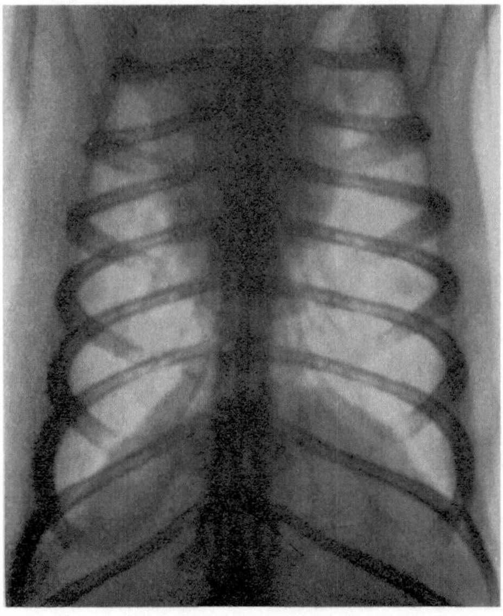

Abb. 54. Kaninchen 834.

Staubfreie Kontrollen.

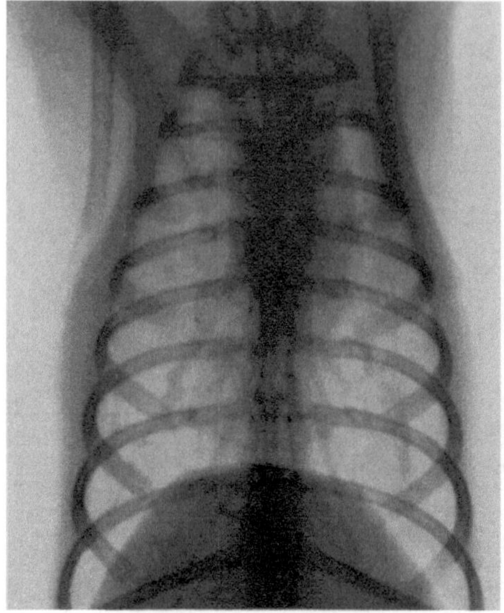

Abb. 55. Kaninchen 861.

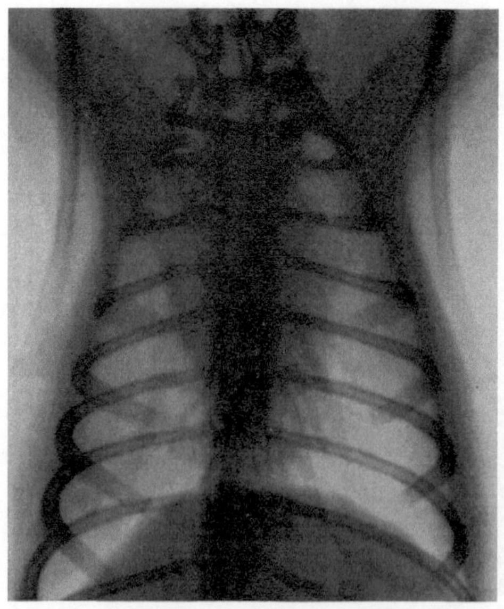

Abb. 56. Kaninchen 862.

aus dem Packraum auf, das zweite aus demselben Raum dagegen die geringsten (siehe Abb. 51—56). Die Photographie (Abb. 56, Nr. 830) ließ ebenso wie die der einen Kontrolle (Abb. 55, Nr. 862) so gut wie keine Fleckschatten erkennen. Die Röntgenbilder der drei anderen Kaninchenlungen (Nr. 833, 834 und 861, Abb. 53, 54 und 55) waren so gut wie gleich. Dementsprechend war auch der Sektionsbefund an den vier Fabrik- und zwei Kontrollungen. Nur bei dem Tiere Nr. 629 (siehe Abb. 51) aus dem Packraum war eine ausgebreitetere Tuberkulose festzustellen, und zwar wieder subpleural und um die Gefäße und Bronchien herum, an den Stellen also, wo sich auch Staub in größerer Menge festgesetzt hatte. Die übrigen drei Lungen unterschieden sich, wie gesagt, rein äußerlich nur durch eine geringe Vergrößerung und das Vorhandensein subpleuraler kleiner stecknadelkopfgroßer Staubherde von denen der Kontrollen. Sie ließen auch etwas mehr tuberkulöse Veränderungen feststellen. Mikroskopisch waren natürlich auch pneumonokoniotische Veränderungen mit Staubeinlagerungen und spezifischen exsudativen Prozessen zu erkennen.

Die Ergebnisse dieser beiden Versuche, die in der Fabrik selbst angestellt sind und somit also ganz den Verhältnissen der Praxis entsprechen, sind deshalb besonders wichtig, weil sie uns den Beweis dafür erbringen, daß die Versuchsanordnung unserer Institutsversuche richtig war und keinesfalls mit derartigen Staubverhältnissen arbeitete, wie sie in der Praxis nicht vorkommen. Noch überzeugender würden diese Versuche ausgefallen sein, wenn wir statt der gewöhnlichen Versuchstiere sogenannte Immuntiere in den Zementbetrieben aufgestellt hätten. Diese Erfahrung haben wir erst neuerdings mit derartigen Versuchen wieder machen können, die wir in Textilbetrieben angestellt haben. Über diese wird in einer späteren Mitteilung berichtet werden.

IV. Schlußbetrachtung.

Überblicken wir nun das Ergebnis unserer gesamten Versuche mit den drei verschiedenen Staubarten Zement-, Tabak- und Tonschieferstaub, so muß festgestellt werden, daß der letztere in allen unseren Versuchsreihen sich als der gefährlichste erwiesen hat. Seine lungenschädigenden Eigenschaften stehen sowohl für die experimentelle Pneumonokoniose wie für die Beförderung der experimentellen Lungentuberkulose außer Frage. Besonders deutlich wurde diese tuberkulosefördernde Eigenschaft in den Vergleichsversuchen, zu deren Anstellung mit Tuberkelbazillen vorimmunisierte Tiere und die drei in Frage stehenden Staubarten gleichzeitig herangezogen wurden. Man sah dann deutlich, daß die Immunität gegenüber der Reinfektionsdosis fast nur durchbrochen wurde bei den Versuchstieren, die der Tonschieferstaubeinatmung ausgesetzt gewesen waren. Diese lungenschädigende Eigenschaft des Tonschieferstaubes dürfte einmal auf dem verhältnismäßig hohen SiO_2-Gehalt, mit nur 11 vH an Al_2O_3 gebundener Kieselsäure, beruhen, während die übrigen 46 vH unlöslich sind und zum größten Teil aus Quarz und Feldspat bestehen, denen man nie ihren gefährlichen Charakter abgesprochen hat. Weiter handelt es sich hier nicht um einen reinen Tonschieferstaub, sondern um einen solchen, dem Sandsteinstaub beigemengt ist, dessen Gefährlichkeit wohl feststeht. Hierauf weist ja auch Beyer in seinem schon früher erwähnten Artikel über das Gesteinstaubsicherungsverfahren hin. Wegen seiner Gefährlichkeit für das Lungengewebe lehnt er Sandsteinstaub zur Verwendung bei der Gesteinstaubsicherung ab.

Sodann wird durch diesen Tonschieferstaub, wie wir gesehen haben, das Lymphgefäßsystem der Lungen verstopft und der Staub nur ganz langsam aus dem Lungengewebe entfernt und ebensowenig auch die eingeführten Tuberkelbazillen, die sich dann vorzugsweise an den durch den Staub geschädigten Lungenstellen ansiedeln und progrediente exsudative Prozesse hervorrufen.

Diese Veränderungen, die wir hier nach Tonschieferstaub in den Kaninchenlungen beobachten konnten, sind etwas ausgesprochener als die, die Jötten und Arnoldi mit dem tonigeren und weicheren Selber-Porzellanstaub II gesehen haben, etwas weniger dagegen als die, die sie nach der Inhalation ihres verglasten Silikates, des stark quarzhaltigen Freiberger Porzellanstaubes I sowohl bei Staubnormal- wie bei Staubimmunkaninchenlungen gesehen haben.

Dem geringeren Silikatgehalt mit nur 3 vH unlöslicher SiO_2 entsprechend war die Lungenschädigung durch den Zementstaub der Wikkingschen Portlandzement- und Wasserkalkwerke in Lengerich nicht erheblich. Natürlich waren pneumonokoniotische Veränderungen die Folge dieser längere Zeit fortgesetzten Bestaubung, die in den Fabrikversuchen zum Teil recht erheblich war, sodaß man sich eigentlich wundern mußte, daß die Veränderungen nicht ausgedehnter waren. Dies wird wohl außer auf den geringen SiO_2-Gehalt auf die gute Löslichkeit des Zementes und die verhältnismäßig schnell vor sich gehende Entstaubung (kein Lymphgefäßverschluß) der Lungen zurückzuführen sein. Auch die tuberkulosebefördernde Wirkung des Zementstaubes dürfte kaum nennenswert sein. Wenn auch in den Staublungen der Normalkaninchen hin und wieder eine geringe tuberkulosefördernde Wirkung des Zementstaubes in Erscheinung trat, so war aber bei einer solchen bei den mit Tuberkelbazillen vorbehandelten sogenannten Immunstaubtieren nicht sehr viel mehr zu bemerken, selbst nicht nach solchen Reinfektionsdosen, die bei nicht vorimmunisierten unbestaubten Kontrolltieren innerhalb von 6—8 Wochen zu einer ausgebreiteten Lungentuberkulose geführt hatten. Die tuberkulosefördernde Eigenschaft des Zementstaubes war noch eine geringere als die, die von Jötten und Arnoldi für den Kohlenstaub und Ruß gefunden war. Sie nehmen von diesen beiden Staubarten an, daß sie in dieser Hinsicht nahe der Indifferenzzone liegen, was wohl für den Zement noch mehr zutrifft. Das wird auf die chemische Zusammensetzung des Zements zurückzuführen sein, der wenig SiO_2 (Gesamtgehalt etwa 20 vH), dafür aber um so mehr CaO (etwa 62 vH) enthält. Auf die Gegenwart dieser großen Menge CaO im Zement soll nach Sleeswiyk die Ungefährlichkeit dieser Staubart zurückzuführen sein.

Diese bisherigen Versuchsergebnisse zusammen mit den früheren Porzellanstaubversuchen lassen übrigens auch die Richtigkeit des Satzes erkennen, daß eine Staubart um so gefährlicher ist, je mehr freie bzw. kristallisierte SiO_2 sie enthält. Danach wäre hinter dem Porzellanstaub I (verglastes Silikat) der Tonschieferstaub, dann der tonige Selber-Porzellanstaub II und schließlich der SiO_2-ärmste Zementstaub zu nennen. Ganz entsprechend ist die Gefährlichkeitsskala bezüglich der tuberkulosefördernden Wirkung dieser vier Staubarten auf Grund unserer tierexperimentellen Untersuchungen ausgefallen.

Fast noch weniger schädlich zeigte sich in unseren Versuchen der Tabakstaub, der zwar nach monatelanger Einatmung schwächere pneumonokoniotische Prozesse in den Lungen der Inhalationstiere hervorrief, die aber lange nicht die Ausmaße erreichten, wie die gleichzeitig beobachteten und bestaubten Tonschieferstaubtiere. Von einer beträchtlichen Schädigung des Lungengewebes durch den Tabakstaub kann nicht gesprochen werden, da z. B. das elastische Gewebe so gut wie gar nicht destruiert wird. Tierverluste im Anschluß an die Staubinhalation oder infolge etwaiger Nikotinwirkung waren nur ganz vereinzelt vorgekommen. Trotzdem darf aber auch dieser Staub nicht als völlig indifferent gegenüber dem Lungengewebe angesehen werden.

Sodann war eine stärkere tuberkulosebefördernde Wirkung, wie man sie nach Inhalation anderer Staubarten beobachtet, abgesehen von ganz wenigen Ausnahmen, in allen unseren Versuchsreihen nicht festzustellen. Besonders deutlich wurde das an den Tabaklungen der vorimmunisierten Kaninchen, die höchst selten nur exsudative progredientere Prozesse erkennen ließen, sondern vielmehr von Bindegewebe abgekapselte und durchzogene Tuberkel. Dieser gutartigere Verlauf der experimentellen Lungentuberkulose wird auch wohl wieder mit der verhältnismäßig schnell vor sich gehenden Befreiung der Lunge von Tabakstaub zusammenhängen. Solche Lymphabflußbehinderungen, wie man sie bei der Silicosis der Lungen vorfindet, sieht man in den mit Tabak bestaubten Lungen nicht.

Vergleicht man diese unsere Versuchsergebnisse mit denen anderer Tierexperimentatoren, so herrscht bezüglich des Zements eine gute Übereinstimmung mit Tucker und Schott, die ihn als gutartigen Staub bezeichnen, während Lubenau ihn zu den weniger schädlichen rechnet. Diese drei Forscher hatten sich aber nicht mit einer etwaigen tuberkulosefördernden Wirkung beschäftigt, sondern diese Frage hatte bisher nur Cesa Bianchi aufgegriffen, allerdings unter ganz unzureichenden Versuchsbedingungen mit viel zu wenig Versuchstieren. Es ist deshalb gar nicht zu verwundern, daß er zu einem schlechteren Untersuchungsresultat kommt wie wir, zumal er die Vorimmunisierungsmethode nicht kannte und außerdem als Versuchstier das dafür ungeeignete Meerschweinchen herangezogen hat. Abgesehen von dieser einen Ausnahme (Cesa Bianchi) befinden wir uns in Übereinstimmung mit den früheren Versuchsergebnissen.

Mit Tabakstaub hat vor uns, soviel sich feststellen ließ, nur Lubenau gearbeitet und zwar mit dem Ergebnis: Tabak gehört zu den lungenschädlichen Staubarten. Dieses Versuchsresultat dürfte aber nicht maßgeblich sein, da die Lubenauschen Versuche nur mit einer akuten ganz intensiven Bestäubung arbeiteten, die aber in der Praxis nicht zu der Regel gehören dürfte. Mit solchen großen Staubdosen konnten auch Jötten und Arnoldi akute Schädigungen hervorrufen.

Bezüglich des Tonschieferstaubes befinden wir uns dieses Mal in Übereinstimmung mit Lubenau, während Mavrogordato und außerdem Carleton mit Tonschiefer allein Erfahrungen machten, die sie veranlaßten, den Tonschiefer zu den gutartigen Staubarten zu rechnen. Ob das aber für alle Tonschieferarten, deren Gehalt an SiO_2 ganz erheblich, auch nach oben hin, schwanken kann, in allen Fällen gilt, möchten wir bezweifeln, da wir zu unseren Versuchen z. B. einen „Tonschiefer" zugesandt bekamen, der einen hohen Gehalt an unlöslicher Kieselsäure bzw. Quarz infolge Vermischung mit Sandstein (hoher Eisen- und niedriger Al_2O_3-Gehalt!) aufzuweisen hatte. Hierauf dürften die Versuchsunterschiede zurückzuführen sein, zumal Carleton mit dem nahe verwandten Feldspat auch schlechte Versuchsergebnisse erhalten hat.

Im großen und ganzen waren also wesentliche Unterschiede zwischen den Ergebnissen unserer und anderer Versuche nicht festzustellen, zumal einwandfreie Bestaubungen mit den drei Staubarten und nachfolgender Tuberkelbazilleninfektion so gut wie gar nicht vorlagen und vor allem die Vorimmunisierungsmethode noch nirgends herangezogen war.

Auch mit den Erfahrungen der Praxis und Statistik, die im ersten Teile dieser Abhandlung eingehend besprochen sind, sind unsere Versuchsergebnisse durchaus in Einklang zu bringen.

Bezüglich des Tonschieferstaubes ist da nur auf die Verhältnisse bei den Schieferbrechern, Griffelmachern, Dach- und Tafelschieferarbeitern hinzuweisen, deren Tuberkulosesterblichkeitsziffern fast durchwegs erhöht sind, abgesehen von den Arbeitern, die der Staubgefahr entweder durch Arbeiten im Freien oder in ganz modernen Betrieben entzogen sind. Als tuberkulosebefördernd kommen oft noch schlechte wirtschaftliche und Wohnverhältnisse hinzu. Nur die Jonesschen Zahlen, die Teleky mitgeteilt hat, sind günstiger. Sodann kommen für die Bestaubung mit Tonschieferstaub alle die Arbeiter in Frage, die mit der Gesteinstaubsicherung zu tun haben, besonders aber die, die die Herstellung des flugfähigen Staubes in Mühlenbetrieben zu erledigen haben. Da aber unsere praktischen Erfahrungen, wie das ja auch Schulte in seiner beigegebenen Abhandlung zugibt, noch viel zu kurze Zeit zurückgreifen, so ist über die Wirkung derartigen Staubes auf die Lunge der darin arbeitenden Menschen noch nichts Abschließendes zu sagen. Jedenfalls ist allzu quarzhaltiger Staub oder mit Sandstein vermischter Tonschieferstaub mit höherem Gehalt an SiO_2, wie der von uns ausgeprobte, nach Möglichkeit auszuschalten. Wie sich reiner Tonschieferstaub experimentell verhält, müssen weitere Versuche erst zeigen, zumal auch hier wieder die Gefährlichkeit von dem schwankenden Quarzgehalt abhängig sein dürfte. Unsere nächsten Versuche werden der Klärung aller mit dem Gesteinstaubsicherungsverfahren zusammenhängenden Staubfragen gewidmet sein. Aber jetzt ist schon zu sagen, daß, wenn wirklich der Tonschieferstaub sich als lungenschädigend herausstellen sollte, eine ganze Reihe von anderen Staubarten zur Verfügung stehen, die harmloser sind und doch den Anforderungen genügen, die die Bergbehörde stellen muß. Wir erwähnen hier z. B. schon den Kalksteinstaub, der über einen Gehalt an SiO_2 von nur 3 vH verfügt und daneben einen recht hohen Gehalt an CaO hat. Außerdem entspricht er, wie die behördliche Prüfung ergeben hat, allen Anforderungen der Bergbehörde. Unsere diesbezüglichen Tierversuche sind durchaus befriedigend. Es soll in der nächsten Veröffentlichung eingehend darüber berichtet werden.

Ebenso steht die für den Zementstaub gefundene verhältnismäßig geringe Lungenschädlichkeit durchaus in Übereinstimmung mit den früheren praktischen und statistischen Erfahrungen. Wie wir eingangs dieser Arbeit gesehen haben, schreiben nur einige wenige Autoren diesem Staub eine tuberkulosebefördernde Wirkung zu. Diese Ansichten sind aber jetzt so gut wie gar nicht mehr zu hören, zumal ja auch die statistischen Erhebungen nirgendwo höhere Tuberkuloseziffern haben feststellen lassen. Da aber doch leichtere Grade von Staublungen (Schott, Sommerfeld und Kästle) bei lange Jahre tätigen Arbeitern gefunden wurden und außerdem andere Gesundheitsstörungen im Anschluß an höhere Staubmengen in den Betrieben gefunden werden, tut man entsprechend unseren Versuchsergebnissen wohl gut daran, den Zementstaub nicht für ganz indifferent anzusehen. Man wird deshalb dafür Sorge tragen müssen, eine allzu große Staubentwicklung in den Betrieben zu vermeiden und für eine ausreichende Staubabsaugung Sorge zu tragen.

Auf den ersten Blick scheinen dagegen unsere experimentellen Ergebnisse mit dem Tabakstaub im Widerspruch mit den früheren Ansichten und vor allem mit den statistischen Erhebungen bezüglich des häufigen Vorkommens von Lungentuberkulose in Tabakbetrieben zu stehen. Daß diese Erkrankungen oft bei derartigen Arbeitern gefunden werden, steht außer Frage. Aber trotzdem bricht sich besonders im letzten Jahrzehnt immer mehr die Ansicht Bahn, daß die Tuberkulose hier sicherlich nicht allein durch die Beschäftigung in den Staubbetrieben hervorgerufen wird. Ja, es mehren sich die Stimmen, die den Tabakstaub für die Tuberkulosehäufigkeit so gut wie gar nicht verantwortlich machen wollen, sondern vielmehr andere Momente, mehr sozialer und wirtschaftlicher Natur, die wir im ersten Teile unserer Abhandlung eingehend beschrieben haben. Daß die Tabakstaubinhalation aber ganz indifferent sein soll, davon konnten wir uns auch hier wieder nicht überzeugen. Man wir daher vor allem auf die Hebung der sozialen Lage besonders der weiblichen Arbeiterschaft, Förderung der Berufsauslese, möglichste Fernhaltung jugendlicher Arbeiter usw. erhöhten Wert legen müssen, daneben aber die Entstaubung der Betriebe und die Beseitigung der Infektionsmöglichkeit in den Betrieben nicht vernachlässigen. Gerade diese Beobachtungen bei der Tabakstaubinhalation zeigen, wie sehr noch andere Momente für das Zustandekommen einer Staubschädigung bzw. einer Staublungentuberkulose verantwortlich zu machen sind. Sie lassen auch erkennen, wie recht der Nestor der Gewerbehygiene K. B. Lehmann hat, wenn er behauptet, daß für das Zustandekommen der Tuberkulose weit wichtiger schlechte Ernährung, Wohnung und Konstitution und Infektionsmöglichkeiten sind als mäßige Staubmengen.

Wir sind damit am Ende unserer Ausführungen angelangt und hoffen, gezeigt zu haben, daß es doch mit dem viel geschmähten Tierversuch, besonders aber bei Heranziehung von Tuberkuloseimmuntieren, möglich ist, die Gefährlichkeit der verschiedenen Gewerbestaubarten in großen Parallelversuchsreihen gegeneinander auszuwerten und Ergebnisse zu erzielen, die durchaus mit den statistischen Erhebungen und praktischen Erfahrungen in Einklang zu bringen sind.

Eine Bestätigung dieser unserer Ansicht bringt bereits Ickert bei Vergleich der Versuchsergebnisse von Jötten und Arnoldi mit neueren und älteren Statistiken. Die Statistiken geben eine Staubgefahrskala wieder, „welche, wie Ickert wörtlich sagt, derjenigen aufs Haar gleicht, welche Jötten und Arnoldi experimentell ausgearbeitet haben".

Derartige Versuche dürften daher für das weitere Studium der Beziehungen von Gewerbestaub und Lungentuberkulose von Wert sein, besonders wenn sie zeitlich noch länger ausgedehnt werden, um die Folgen auch noch der chronischen Staubinhalation zu beobachten. Die richtige Auswertung solcher Tierversuche kann aber nur bei gleichzeitiger Anstellung großer Vergleichsversuchsreihen mit verschiedenen Staubarten erfolgen. Außerdem müssen noch die statistischen und anderen Untersuchungsergebnisse und die sozialen und wirtschaftlichen Verhältnisse der in Betracht kommenden Arbeitergruppen mit zur Beurteilung herangezogen werden.

Geht man auf diesem Wege vor, so wird es unseres Erachtens wohl möglich sein, über kurz oder lang zu einem abschließenden Urteil in der Gewerbestaubfrage zu kommen.

Literatur.

a) Zement.

Arens: Quantitative Staubbestimmungen in der Luft usw. Arch. f. Hyg. **21** (1910).

Arnold, I.: Untersuchungen über Staubinhalation und Staubmetastase. Leipzig 1885.

Beck (Heidelberg): Schädigt der Zementstaub die Atmungsorgane stärker als andere Staubarten? Z. Hals- usw. Heilk. **1928**, H. 21.

Beintker: Zementfabriken und Kalkbrennereien, Handbuch der sozialen Hygiene und Gesundheitsfürsorge **2**. — Ders.: Die chemisch-biologische Wirkung des Fabrikstaubes. Zbl. f. Gewerbehyg. **1924**.

Berger u. Kohors: Die Gesundheitsverhältnisse der Zementarbeiter. Vjschr. f. gerichtl. Med. **21**.

Baden: Jahresbericht des großherzoglich-badischen Gewerbeaufsichtsamtes für das Jahr 1911. Sonderbericht über die Verhältnisse in den Zementfabriken. S. 64.

Cabolet u. Strebel: Verhandlungen des Vereins deutscher Portland-Zementfabriken. 1908.

Deubner: Die Gesundheitsverhältnisse in den Zementfabriken, Concordia (Berl.) **20**. 160 (1913).

Engel: Beihefte zum Zbl. Gewerbehyg. **2**.

Fischer, R.: Der Portlandzement. Weyls Handbuch der Hygiene, 2. Aufl., **7**.

Dr. Hack: Siehe Schott.

Hahn, M.: Staubbestimmungen, Gesundheitsingenieur 1908.

Kaestle, K.: Über die Pneumonokoniose der Sandstein-, Kieselkreide-, Granit-, Muschelkalk- und Zementarbeiter. Fortschritte auf dem Gebiete der Röntgenstrahlen. **38**, 1928, S. 1016.

Kölsch: Gesundheitliche Erhebungen in bayerischen Zementfabriken im Jahre 1911. Zbl.f.Gewerbehyg. **1913**, **441**. — Ders.: Tuberkulose als Berufskrankheit. Arch.f.soz. Hyg. **6**, Nr 1, 2, 3 (1911). — Ders.: Gewerbehygiene in Weyls Handbuch der Hygiene, Allgemeiner Teil, 2. Aufl. **7**, 269.

Lehmann, K. B.: Handbuch der Hygiene von Rubner, Gruber, Ficker, 4. Bd. 2. Abtlg. Arbeits- u. Gewerbehygiene, S. 106—107, 281—287 und 347—349.

Lubenau, C.: Experimentelle Staubinhalationserkrankungen der Lungen. Arch. f. Hyg. **63**, 391.

Mangelsdorf: Die gesundheitliche Gefährdung der Arbeiter durch Staub usw. Dtsch. Vjschr. öff. Gesdh.pfl. **44**.

Merkel: Die Staubinhalationskrankheiten. In: Handbuch der Hygiene und der Gewerbekrankheiten, 2. Teil. Soz. Hyg., 4. Abt., S. 199. Leipzig: F. C. W. Vogel 1882.

Nagai, S.: Cement Inhalation and Its Effect upon Tuberculous Lungs. Tokyo Igakukai Zasshi **32**, Nr 13 S. 2—37, (1918). Abstracted. In: J. ind. Hyg. **1** (1920).

Neumann, Reinh.: Zement- und Kalkstaub im Betrieb. Ton-Ind.-Ztg. **46**, 840—841, 12/12 (1916).

Overbeck: Eine Lücke in der Tuberkuloseverhütung. Schwerin 1921.

Pancoast u. Pendergrass: Amer. J. Roentgenol. **14**, Nr 5 (1925).

Pesenti, siehe Sternberg: Berufskrankheiten der Lunge. In: Handbuch der sozialen Hygiene **2** (1926).

Pirsch: Münster, Zbl. Gewerbehyg. **2**, 357 (1914).
Roth: Kompendium der Gewerbekrankheiten und Einführung in die Gewerbehygiene, 2. Aufl., S. 144. Berlin 1909.
Roth, Tschorn u. Wetzel: Die Rechte und Pflichten der Unternehmer gewerblicher Anlagen. Berlin 1899.
Schalk: Die Arbeits- und Gesundheitsverhältnisse in Zementfabriken. Mitt. d. Instituts f. Gewerbehyg. **1912**, Nr 9, 137.
Schott, Fr.: Die Einwirkung des Zementstaubes auf die Lunge und die Frage der Tuberkulose bei Zementarbeitern. Zementverlag. Charlottenburg 1926. — Ders.: Über Zementstaublunge. Beitr. Klin. Tbk. von Brauer **69** (1928).
Schultze: Die Gesundheitsverhältnisse der Arbeiter in Zementfabriken, Dtsch. Vjschr. öff. Gesdh.pfl. **45**, 220.
Selkirk, B.: Brit. med. J. **1908**, 1493.
Sommerfeld, Th., siehe Handbuch der praktischen Gewerbehygiene von Albrecht, S. 811. Berlin 1896.
Steiner, V., siehe Handbuch der praktischen Hygiene und Unfallverhütung **1**, 101. Wien 1908.
Tucker, G. E.: Physical Examination of Employesengaged in the Manufacture of Portland Cement. Amer. J. med. Sci. **130** (1905).
Villaret, siehe Handbuch von Albrecht. S. 79. Berlin 1896.
Wittgen, Die Staubbeseitigung in Zementfabriken usw. Concordia **19**, 37 (1912).

b) Tabak.

Arens: Arch. f. Hyg. **21**, 325.
Beintker, Zbl. Gewerbehyg. **1924**, H. 4, 65.
Bittmann: Hausindustrie und Heimarbeit im Großherzogtum Baden. Karlsruhe 1907.
Brauer: Auftreten der Tuberkulose in Zigarrenfabriken. Beitr. Klin. Tbk. **1**, 1.
Collis: Pneumonokoniosis. Med. J. Austral. **2**, Nr 22 (1926). — Ders.: The statist. Charact. of pulm. silicosis. J. State Med. **34**, Nr 7 (1926).
Dörner: Vergleichende Untersuchungen über Tuberkuloseverbreitung in zwei verschiedenen Bezirken Badens. Beitr. Klin. Tbk. **30**.
Dresel: Öff. Gesdh.pfl. **1921**, H. 4. — Ders.: Lehrbuch der Hygiene, S. 313. Berlin 1928.
Gade: Über Pneumonokoniosen mit Asthma bei Holzsägearbeitern, Münch. med. Wschr. **1921**, Nr 36, 1145.
Greenburg: Studies on the industrial dust problem. Public Health Rep. **40** (1925).
Greenhorn, zitiert nach Landis.
Grünbaum: Tuberkulose und Zigarrenarbeit. Med. Klin. **1926**, Nr 47.
Hahn: Zur Methodik der quantitativen Staub- und Rußbestimmung. Gesdh.ing. **31**, 165.
Hoffmann, W: Beitrag zur Tuberkuloseverbreitung in Baden. Beitr. Klin. Tbk. **1**, 84.
Heucke: Die gesundheitlichen Verhältnisse in der Zigarrenindustrie. Soz. Prax. **12**, Nr 30, 797 (1902—1903.)
Hirt, siehe Hirt u. Merkel: Handbuch der Hygiene und Gewerbekrankheiten, 2. Teil, Leipzig 1882.
Holtzmann, Fr.: Zigarrenarbeit und Tuberkulose in Hygiene der Tabakarbeiter. Handbuch der Hygiene von Weyl, 2. Aufl., **7**, Bes. Teil. — Ders.: Zusammenhänge zwischen Zigarrenarbeit und Lungentuberkulose. Zbl. Gewerbehyg. **1925**, Nr 11, 305. — Ders.: Die wirtschaftlichen, sozialen und gesundheitlichen Verhältnisse der Zigarrenarbeiter in Baden. Bericht des Gewerbeaufsichtsamts. Karlsruhe 1925. — Ders.: Zigarren- und Tabakarbeiter. In: Handbuch der sozialen Hygiene und Gesundheitsfürsorge **2**. Berlin 1926.
Ickert: Staublunge und Staublungentuberkulose. Berlin 1928.

Jehle: Hygiene der Tabakarbeiter. Arch. Unfallheilk., Gewerbehyg. u. Gewerbekrh. **3**. Stuttgart 1901.
Klehe, siehe bei Holtzmann: Handbuch der Hygiene von Weyl.
Klehmet: Zur Diagnose der Pneumonokoniosen, Beitr. Klin. Tbk. **46**, 154.
Koelsch: Weyls Handbuch der Hygiene. 2. Aufl. **7**, Allgemeiner Teil, 3. Abtlg., S. 304. — Ders.: Handwörterbuch der sozialen Hygiene von Grotjahn u. Kaup.
Krüger, Rostoski u. Saupe: Gewerbehygiene und klinische röntgenologische Untersuchungen in der Dresdener Zigarettenindustrie. Z. klin. Med. **107**, 365 (1928).
Landis: Die Beziehungen des organischen Staubs zur Pneumonokoniose. J. ind. Hyg. **7**, Nr 1 (1925).
Lehmann, K. B.: Handbuch der Hygiene von Rubner, Gruber u. Ficker, **4**, 2. Abtlg., Arbeits- und Gewerbehygiene.
Lubenau, C.: Arch. f. Hyg. **63**, 391.
Mangelsdorf: Die gesundheitliche Gefährdung der Arbeiter durch Staubentwicklung in gewerblichen Betrieben und ihre Verhütung. Dtsch. Vjschr. öff. Gesdh.pfl. **44**, 805.
Merkel, siehe Hirt u. Merkel: Handbuch der Hygiene und Gewerbekrankheiten. Leipzig 1882.
v. Müller: Tbk.fürs.bl. **1926**, Nr 5, 45. — Dies. u. Berghaus: Tuberkulose und Tabakarbeit. Untersuchungen im ehemaligen Amtsbezirk Schwetzingen (Baden). Z. Tbk. **44**, H. 4.
Palitsch: Zbl. Gewerbehyg. **1921**, Okt.-Heft.
Parent, Duchatelet u. D'Arcet: Ann. d'Hyg., 1. Ser., **2**, 169 (1829).
Peterson: In Eulenburg: Realenzyklopädie **14**, 50 (1897).
Prinzing: Handbuch der Medizinalstatistik.
Rochs, siehe Thiele: Vjschr. gerichtl. Med. **45** (1913).
Roth: Kompendium der Gewerbekrankheiten und Einführung in die Gewerbehygiene, 2. Aufl. S. 183—187. Berlin 1909.
Rössle. Beitr. Klin. Tbk. **47**, 325 (1921).
Schellenberg: Hygiene der Tabakarbeiter. Handbuch der Hygiene von Weyl, 1. Aufl. **8** (1894).
Schilling: Baumwollstaub und Atmungsorgane. Dtsch. Arch. klin. Med. **146**, 163 (1925).
Schmidt: Arch. f. Hyg. **94**, H. 3.
Sommerfeld: Die Schwindsucht der Arbeiter, Ursachen, Häufigkeit und Verhütung 1895).
Stephani: Die Krankheiten der Tabakarbeiter. In: Weyls Handbuch der Arbeiterkrankheiten. Jena 1908.
Thiele: Der Einfluß der Erwerbs- und Arbeitsverhältnisse der Tabakarbeiter auf ihre Gesundheit. Vjschr. gerichtl. Med. **45** (1913).
Walther: Über den Einfluß der Beschäftigung in Zigarrenfabriken auf die Entstehung der Lungentuberkulose (Vortrag). Ärztl. Mitt. aus u. für Baden **53**, Nr 21 (1899).
Wörishoffer: Die soziale Lage der Zigarrenarbeiter im Großherzogtum Baden. S. 200—213. Karlsruhe 1890.
Zenker: Bericht der 40. Versammlung deutscher Naturforscher u. Ärzte. Hannover 1865.
Zibell, K.: Über die Schutzmaßregeln zur Verhütung von Berufskrankheiten der Arbeiter bei Fabrikation mit Staubentwicklung. Vjschr. gerichtl. Med., III. Folge, **29** (1905).

c) Tonschieferstaub.

Albrecht, H.: Handbuch der praktischen Gewerbehygiene mit besonderer Berücksichtigung der Unfallverhütung. Berlin 1896.
Beyer, A.: Die Hygienischen Fragen bei der Gesteinstaubsicherung. Zbl. Gewerbehyg. **5**, (1927).

Carleton, H. M.: The pulmonary-lesions produced by the inhalation of dust in Guinea-pigs. J. of Hyg. **22**, Nr 4, 438 (1924).
Chajes, B.: Grundriß der Berufskunde und Berufshygiene, 2. Aufl. S. 222—223. Berlin 1929.
Collis, E. L.: Pneumonoconiosis: The statistical characteristic of pulmonary silicosis. J. State Med. **34**, Nr 7, 401—404 (1926), siehe auch Ickert.
Engel, H.: Staubeinatmung und Tuberkulose Beih. z. Zbl. Gewerbehyg. **1**, H. 2.
Jötten, K. W. u. Arnoldi: Gewerbestaub und Lungentuberkulose.
Ickert, Fr.: Staublunge und Tuberkulose bei den Bergleuten des Mansfelder Kupferschieferbergbaues. Tbk.bibl. Nr 15. Leipzig 1924. — Ders.: Staublunge und Staublungentuberkulose. Beih. zu den Beitr. Klin. Tbk. **4**. Berlin 1928.
Lehmann, K. B., siehe Handbuch der Hygiene von Gruber, Rubner, Ficker **4**, 2. Abt.: Arbeits- und Gewerbehygiene. — Ders.: Der Staub in den Fabriken und seine Bedeutung für den Menschen. Beih. z. Zbl. Gewerbehyg. **1**, H. 2.
Lubenau, C.: Experimentelle Staubinhalationserkrankungen der Lungen. Arch. f. Hyg. **63**, 193 (1907).
Mavrogordato, A.: Studies in experimentel silicosis and other pneumoniokoniosis. Publ. S. a fric. Inst. med. Res., Nr 15. Johannisburg 1922.
Nicholson, B. S.: The dusted lung with special reference to the inhalation of silica dust etc. J. ind. Hyg. **5**, Nr 6 (1923).
Prinzing, Fr., siehe bei Ickert, Fr.: Staublunge und Staublungentuberkulose S. 52. Arch. soz. Hyg. **12** (1917).
Redeker, siehe bei Ickert. Ebendort.
Roth: Kompendium der Gewerbekrankheiten, 2. Aufl. Berlin 1909.
Rosenbusch-Osann: Elemente der Gesteinslehre, 4. Aufl. Stuttgart 1923.
Sommerfeld, Th.: Handbuch der Gewerbekrankheiten. Berlin 1898.
Smith and Collis: His Maj. Stat. Gffice. London 1917.
Teleky, L.: Bericht über die Ergebnisse der Staubuntersuchungen in England, seinen Dominions und Amerika. In: Arb. u. Ges., H. 7. Berlin 1928.
Schlattmann, H.: Die geplante bergpolizeiliche Regelung des Gesteinstaubverfahrens im Oberbergamtsbezirk Dortmund. Glückauf, Berg- und Hüttenmannsche Zeitschrift. **61**, Nr 47. 1925.
Villaret, A.: In: Albrechts Handbuch der praktischen Gewerbehygiene. Kapitel D: Der mechanisch wirkende Staub in den verschiedenen Industrien, S. 77—82. Berlin 1896.

Literaturverzeichnis zu Beitrag Dr. Schulte.

Böhme: Die Staubkrankheit der Bergarbeiter im Ruhrkohlenbezirk. Zbl. Gewerbehyg. (1925). — Ders.: Chemische Untersuchungen an pneumonokoniotischen Bergarbeiterlungen. Klin. Wschr. **3**, Nr 42 (1924). — Ders.: Staublunge und Tuberkulose bei den Bergarbeitern des Ruhrkohlenbezirks. Beitr. Klin. Tbk. **61** (1925). — Ders.: Das Röntgenbild der Pneumonokoniose der Bergarbeiter. Fortschr. Röntgenstr. **31** (1923). — Ders.: Die Pneumonokoniose der Bergarbeiter im Ruhrbezirk. Ebenda **33**.
Böhme und Lucanus: Die Verbreitung von Staubveränderungen bei arbeitenden Gesteinshauern. Zbl. Gewerbehyg. **2**, **3**, Nr 7—9 (1926).
Beatti, J. M.: Eine vergleichende experimentelle Studie über die Wirkung der Einatmung von Kohlenstaub usw. auf die Lunge. Erster Bericht des Explosions in Mines Committee. 1922.
Carleton, H. M.: Lungenschädigungen, die durch Staubeinatmung bei Meerschweinchen hervorgerufen werden. Ber. an den Medical Research Council.
Carleton, H. M. (Demonstrator in Histologie university of Oxford): Das Einatmen von Staub. Ebenda (Übersetzung).
Clark und Siemons: The Dust Hacard in the Abrasive Industry (zitiert nach Teleky).

Eikenbusch: Zur Kenntnis der Beziehungen zwischen Tuberkulose und Staublunge. Beitr. Klin. Tbk. (1926).

Haldane: Effects of Mine Dust Inhalation. Engin. a. Mining J. (1918).

Hatzfeld: Die Entwicklung der Maßnahmen der Kohlenstaubbekämpfung. Berg- und Hüttenmännische Zeitschrift „Glück-Auf" **1925**, Nr **44**. — Ders.: Die Anwendung des Gesteinstaubes in Kohlengruben. Bearbeitung des Berichts der englischen Safety in Mines Research Board über das Gesteinstaubverfahren im englischen Steinkohlenbergbau von Allan Greenwell.

Heymann und Freudenberg: Die Tuberkulosesterblichkeit der Bergarbeiter im Ruhrgebiet vor und nach dem Kriege. Z. Hyg. **101**.

Ickert: Staublunge und Staublungentuberkulose. Berlin: Julius Springer 1928.

Jötten und Arnoldi: Gewerbestaub und Lungentuberkulose. Berlin 1927.

Lindemann, W.: Hygiene der Bergarbeiter. Weyls Handbuch der Hygiene, 2. Aufl., **7**.

Mavrogordato: Mines Phthisis on The Witwatersrand. The Control of Air-Borne Dust. The Colliery Guardian **130** (1925). — Ders.: Experiments of the Effects of Dust Inhalation. J. of. Hyg. **17** (1918). — Ders.: Studien über experimentelle Silicous und andere Pneumonokoniosen. Veröffentlichungen der South Africon Institution für Med. Res. Johannesburg 1922.

Sayers, R. (Chefarzt, Büro der Bergwerke beim Gesundheitsdienst der Vereinigten Staaten): Kieselsäurelunge unter Bergarbeitern. Übersetzung eines Berichts.

Teleky: Bericht über die Ergebnisse der Staubuntersuchungen in England, seinen Dominions und Amerika. Arb. u. Ges., Schriftenreihe zum Reichsarbeitsblatt 1928.

Thiele und Saupe: Die Staublungenerkrankung (Pneumonokoniose) der Sandsteinarbeiter. Berlin: Julius Springer 1927. — Ders.: Bergpolizeiverordnung über die Anwendung von Gesteinstaub vom 1. IV. 1926.

d) Sonst benutzte Literatur.

Alling, G.: Kohlengrubenarbeit und Tuberkulose in Schweden. 1926.

Bartel und Neumann: Wien. klin. Wschr. **1906**.

Beyer: Zbl. Gewerbehyg. **1927**.

Bogner: Krankheits- und Sterblichkeitsverhältnisse bei den Porzellanarbeitern **41**, (1909).

Carleton: J. of. Hyg. **22**, Nr 4, 1924.

Bianchi, Cesa: Z. Hyg. **73** (1913).

Claisse und Josué: Arch. de méd. expér. et d'anat. pathol. 9. 2. 1897.

Drinker: J. ind. Hyg. **3**, Nr 10 (1922).

Fränkel, A.: Spezielle Pathologie und Therapie der Lungenkrankheiten.

Gardner: Amer. Rev. Tbc. **1920**, **4**, 734.

Holitscher: Die Krankheiten der Porzellanarbeiter. Weyls Handbuch der Arbeiterkrankheiten. Jena 1908.

Holtzmann und Harms: Zur Frage der Staubeinwirkung auf die Lungen der Porzellanarbeiter, Leipzig 1923.

Ickert: Staublunge und Staublungentuberkulose. Berlin 1928.

Jötten und Arnoldi: Gewerbestaub und Lungentuberkulose, diese Schriftenreihe, H. 17.

Jones, siehe bei Teleky.

Kalbfleisch, H. H.: Beitr. Klin. Tbk. **70** (1928).

Kölsch: Staub und Beruf. Handwörterbuch der sozialen Hygiene von Grotjahn und Kaup. 1912.

Kotzé siehe bei Teleky.

Lubenau: Arch. f. Hyg. **63** (1907).

Lehmann, K. B.: Handbuch der Hygiene von Gruber, Rubner und Ficker **4**, Abt. 2.

Mavrogordato: Studies in experimentel silicosis and other pneumonokoniose, Publ. S. afric. Inst. Med. Res. **1922**, Nr 15. 1926, Dez.

Owens: J. ind. Hyg. **1922—1923**.
Rössle: Brauers Beitr. Klin. Tbk. **47** (1921).
Schott: Die Einwirkung des Zementstaubes auf die Lungen... Zementverlag Charlottenburg 1926. — Ders.: Über Zementstaublunge. Beitr. Klin. Tbk. **69**, 1928.
Sleeswijk: Ber. des V. internationalen Kongresses für Berufskrankheiten. Budapest 1928.
Smith and Collis: Report on the Manufacture of Silica Bricks and other Refractory Materials used in Furnaces. With special Reference to the Effects of Dust Inhalation upon the Workers. London 1917. His Maj. Stat. Office.
Sommerfeld: Atlas der gewerblichen Gesundheitspflege. 1926. S. Abb. Zementlunge. — Ders.: Die Berufskrankheiten der Porzellanarbeiter. Dtsch. Vjschr. öff. Gesdh.pfl. **25** (1893). — Ders.: Handbuch der Gewerbekrankheiten. Berlin 1898. — Ders.: Schwindsucht der Arbeiter. Berlin 1895.
Teleky: Bericht über die Ergebnisse der Staubuntersuchungen in England, seinen Dominions und Amerika. Berlin 1928.
Thiele: Keramische Industrie und Tuberkulose. Z. f. Tbk. **34** (1921).
Tucker: Amer. J. Publ. Health **5** (1915).
Vollrath: Brauers Beitr. z. Klin. Tbk. **47** (1921).
Willis, H. S.: Studies on Tuberculosus Infection. Amer. Rev. Tbc. **1921**, Nr 3, 189—215.

Schriften aus dem Gesamtgebiet der Gewerbehygiene

Neue Folge

Herausgegeben von der Deutschen Gesellschaft für Gewerbehygiene in Frankfurt a. M., Platz der Republik 49

Heft 1: **Ärztliche Merkblätter über berufliche Vergiftungen und Schädigungen durch chemische Stoffe.** Aufgestellt und veröffentlicht von den Fabrikärzten der deutschen chemischen Industrie. Zweite, neubearbeitete Auflage. VI, 37 Seiten. 1925. Z. Zt. vergriffen

Heft 2: **Die Bedeutung der Chromate für die Gesundheit der Arbeiter.** Kritische und experimentelle Untersuchungen von Professor Dr. **K. B. Lehmann,** Geheimer Rat, Direktor des Hygienischen Instituts der Universität Würzburg. Mit 11 Textabbildungen. III, 119 Seiten. 1914. RM 4.20

Heft 3: **Die Arbeiterkost nach Untersuchungen über die Ernährung Basler Arbeiter bei freigewählter Kost.** Von Dr. **Alfred Gigon,** Privatdozent für Innere Medizin an der Universität Basel. III, 54 Seiten. 1914. RM 1.80

Heft 4: **Die Bekämpfung der Milzbrandgefahr in gewerblichen Betrieben.** Von Dr. **O. Borgmann,** Regierungs- und Gewerberat, Schleswig, und Dr. **R. Fischer,** Regierungs- und Gewerberat, Potsdam. III, 47 Seiten. 1914. RM 1.80

Heft 5: **Die Frühdiagnose der Bleivergiftung.** Drei Referate von Dr. **L. Teleky,** Wien, Dr. **H. Gerbis,** Thorn, Professor Dr. **P. Schmidt,** Halle a. d. S. VI, 65 Seiten. 1919. RM 2.30

Heft 6: **Die Meldepflicht der Berufskrankheiten.** Eine Umfrage bearbeitet von Dr. **E. Francke,** Frankfurt a. M., und Sanitätsrat Dr. **Bachfeld,** Offenbach. 52 Seiten. 1921. RM 1.60

Heft 7, I. Teil: **Bleivergiftung und Bleiaufnahme.** Ihre Symptomatologie, Pathologie und Verhütung mit besonderer Berücksichtigung ihrer gewerblichen Entstehung und Darstellung der wichtigsten gefahrbringenden Verrichtungen. Von **Thomas M. Legge** und **Kenneth W. Goadby.** Übersetzt von Dr. **Hans Katz †.** Herausgegeben und mit Anmerkungen versehen von Dr. **Ludwig Teleky.** Mit 6 Textabbildungen und 2 Tafeln. Nebst einem Anhang: Die deutschen und deutschösterreichischen Verordnungen zur Verhütung gewerblicher Bleivergiftung. Zusammengestellt im Institut für Gewerbehygiene von Else Blänsdorf, Bibliothekarin. VIII, 372 Seiten. 1921. RM 13.—

II. Teil: **Bleiliteratur.** Veröffentlichungen über Bleivergiftung, Spezialarbeiten und Merkblätter, Textangabe der Bleiverordnungen für das Deutsche Reich, Deutschösterreich und außerdeutsche Staaten. Zusammengestellt im Institut für Gewerbehygiene von **Else Blänsdorf,** Bibliothekarin. IV, 108 Seiten. 1922. RM 3.60

Heft 8: **Internationale Übersicht über Gewerbekrankheiten** nach den Berichten der Gewerbeinspektionen der Kulturländer über das Jahr 1913. Mit Unterstützung von Dr. **Ludwig Teleky** bearbeitet von Professor Dr. **Ernst Brezina** in Wien, Technische Hochschule. VIII, 143 Seiten. 1921. RM 4.80

Heft 9: **Internationale Übersicht über Gewerbekrankheiten** nach den Berichten der Gewerbeinspektionen der Kulturländer über die Jahre 1914—1918. Mit Unterstützung von Dr. **Ludwig Teleky** bearbeitet von Professor Dr. **Ernst Brezina** in Wien, Technische Hochschule. XII, 270 Seiten. 1921. RM 10.—

Heft 10: **Internationale Übersicht über Gewerbekrankheiten** nach den Berichten der Gewerbeinspektionen der Kulturländer über das Jahr 1919. Mit Unterstützung von Dr. **Ludwig Teleky** bearbeitet von Professor Dr. **Ernst Brezina** in Wien, Technische Hochschule. VII, 118 Seiten. 1922. RM 4.20

Heft 11: **Die deutsche Bleifarbenindustrie vom Standpunkt der Hygiene.** Nach eigenen Untersuchungen 1921—1922. Von Geh. Hofrat Professor Dr. **K. B. Lehmann,** Direktor des Hygienischen Instituts Würzburg. VI, 95 Seiten. 1925. RM 3.90

Heft 12: **Theophrastus von Hohenheim, genannt Paracelsus: Von der Bergsucht und anderen Bergkrankheiten.** Bearbeitet von Dr. **Franz Koelsch,** Ministerialrat im Bayrischen Staatsministerium für Soziale Fürsorge, Bayrischer Landesgewerbearzt, a. o. Professor an der Universität München. Mit 1 Bildnis. VI, 70 Seiten. 1925. RM 4.80